母さん、ごめん。

妈妈，对不起

写在妈妈得了阿尔茨海默病之后

[日] 松浦晋也 著
丁楠 译

中国出版集团 现代出版社

既然没人能做到不老不死，
照护问题便是终有一天所有人都将面对的
我们自己的问题。

写在前面的话

松浦晋也

本书记录了一个没有组建家庭、随心所欲地活过五十岁的独身男人，为了照料患有阿尔茨海默病的母亲，曾经经历过什么，感受过什么，又曾进行过哪些思考。

我本人，独身，男性，未经历过婚姻；非要归类的话，属于理性优先于感性，用头脑处理事物的性格；从理科大学毕业后选择了科学记者的道路，多年以来全身心地投入工作。照护题材的书并不难寻，但是从如此“男性化”的视角出发，靠“摆事实讲道理”写出来的东西，这本或许是独一份吧。

尽管如此，我相信各位读者在读过我的经历之后，一定能从中轻易地找到那些让你感同身受的片段。

为什么这样说呢？步入中年以后，尽管我也担心父母的健康，却无法把时间匀给他们，还毫无根据地令自己相信，“他们虽然老了，但是精神矍铄”，抱有这种想法的人应该有很多吧。我尽管和母亲生活在一起，对她患上阿尔茨海默病却熟视无睹。

因为内心深处有个看似正常却令人无法自拔的想象：生活就应该这样一直下去。

《论语》中有这样一节。

子在川上曰："逝者如斯夫，不舍昼夜。"——《子罕》

孔子站在河畔上说："世间万物就如同这河中的流水，昼夜不停地流逝着。"

在这一节中，"逝者"意指一切变化流转的事物。但若将"逝者"限定为"死去之人"，语义同样令人哀叹。

生命始于生，终于死。有人英年早逝，有人寿终正寝，但最终都是走向死亡。

然而在日复一日的生活中，我们总是忘记了这理所当然的事实。只有见证了曾祖父母、祖父母，以及父母由衰而终的过程，我们才恍然意识到、领悟到这样的真相。倘若父母也离去了，接下来便将轮到自己。

大多数时候，死并非一个转瞬即逝的事。死前还有衰老的过程，那过程可长达十数年。不仅对本人，衰老所带来的影响对周围的照护者也是极大的。一如人无法逃脱死，任何人都无法摆脱衰老的影响。既然如此，如何从社会而并非个人的角度对这一影响予以接纳、予以反馈——便是我们少子高龄化社会正在面临的一大课题。

但愿，此时正将本书托于手中的你，能从书中寻得几许非凡的意义。

目录

写在前面的话　001

第1章　我的“照护失败”始于不愿接受现实　001

第2章　“阿尔茨海默病？我好得很！”母亲的坚决抗争　009

第3章　电视购物，阿尔茨海默病患者意想不到的大敌　017

第4章　痛失家政主权，母亲视我如外敌　025

第5章　看护的压力，崩溃的边缘　033

第6章　“大哥，不能所有事都自己扛！”　041

第7章　母亲张口就说“不去”，初次前往机构前的对抗　051

第8章　如果家人疑似得了阿尔茨海默病　061

第9章　由父亲的死了解到“替代疗法没有意义”　071

第10章　你了解自己母亲的内衣吗？　083

第11章　怀抱着内裤的西西弗斯　093

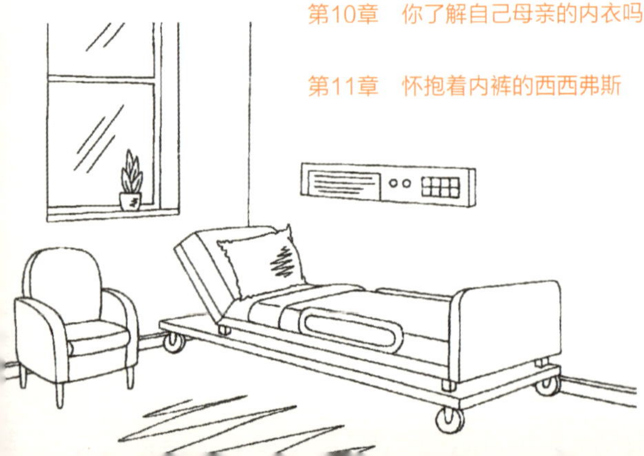

目录

第12章　母亲的去留，我决心已定　105

第13章　不幸言中的悲哀、和母亲一起包饺子　113

第14章　新生活步入正轨，病情却……　123

第15章　为方便老人改造房屋，有必要吗？　133

第16章　病情加重了，拿脾气暴躁的母亲如何是好　143

第17章　照护现状再次被打破，账户余额一路下滑　151

第18章　那天，我望着无涯苦海，动手打了母亲　161

第19章　送别了母亲　171

第20章　“预防医学的悖论”赐予我防范阿尔茨海默病的对策　181

第21章　铁打的坐骑与影院的黑暗——照护生活的两大支柱　193

第22章　题外话：母亲眼中昭和三十年代的日本企业　203

写在最后　215

CHAPTER 1

第1章

我的“照护失败”始于不愿接受现实

明确意识到和自己一起生活的母亲出了问题，是在2014年7月。起因是母亲说“存折找不到了”。

我陪她一起找，发现存折就在该在的地方。

我以为是她一时糊涂，但没过几天母亲又说“存折找不到了”。

我去找，发现存折还在该在的地方。

就这样反反复复，而且我注意到养老金账户里，最近的一笔汇入款被整笔提了出来。养老金每隔一个月汇入一次，每一笔都相当于母亲两个月的生活费，这么一大笔钱被一口气提光了，事情肯定不寻常。

我让母亲给我看她平时放钱的地方，可哪儿也没放着那笔钱。我给她看存折，问她“这笔钱去哪儿了”，她就说“没印象，我没动”。后来找了许久，不见了的那笔养老金终未现身。似乎也没有被人骗走的迹象，总之至今下落不明。没准儿就待在家里的某个地方吧，我想。

这件事发生时，生于1934年（昭和九年）的母亲，已经80岁了。

在说到照护的话题之前，我想先简单介绍一下家里的情况。在护理一线冲锋陷阵的我，2014年夏天时53岁，未婚单身，在神奈川县父亲留下的房子里和母亲同住，同时打着纪实文学作家与科技新闻工作者的名号，靠采访和写作维持生计。我是长子，下面有一个小我两岁、从事IT基础构架建设、同为单身的弟弟，和一个小我一轮、已婚、有3个孩子的妹妹。弟弟现住东京，公事繁忙很难抽身；妹妹一家则侨居德国，在那边的企业里工作。换句话说，在照顾母亲这件事上，我并不能指望他们两个随叫随到。

从一生自由奔放，回到由他人照料

意识到母亲出了问题，我也只是想：她毕竟80岁了，可能终于开始显老了吧。母亲一直以来都活力四射、富有主见，又懂得享受生活。

我的外祖父是海军军官，外祖母是地方名门家里最小的女儿，他们生下4个孩子，排行第二的是母亲。一如众多常年辗转各地的海军家庭，母亲自幼巡回于舞鹤、佐世保和逗子等地，童年在军旅中度过。第二次世界大战后，外祖父母定居故乡，母亲从当地的高中毕业后，以昭和初期女子间罕有的情况，进入大学攻读英语专业。大学时代的母亲热衷观剧。诸如，“三岛由纪夫的剧目上演时他本人一定会来”“年轻时的美轮明宏貌美倾城”，这些当年的见闻母亲时常挂在嘴边。

毕业后，母亲就职于本部坐落于东京丸之内的某大财阀下属企业。“Business Girl（BG）”这个说法不知大家是否有所耳闻，这是在太平洋战争结束后的一个时期对出入办公场所的职业女性的称呼。20多岁时，母亲便是走在时代潮流最前端的BG。说句题外话，Business Girl这一说法，随后被发现在源语言中有暗指娼妇之嫌，于是被替换成了日式英语词汇Office Lady（OL）。而先前发明了BG一词的，正是日后靠一本《诺查丹玛斯大预言》风靡一时、不知该说是对社会影响颇深还是余毒不浅的那位五岛勉。

过去从母亲那里听来的，昭和三十年代前期财阀大企业中精英阶层的工作实态可谓妙趣横生，听后不禁让人感慨："啊，原来如此，日本的劳动生产率低下，就是这帮人的这种做派导致的恶果吧！”因为是题外话，在此就不赘述了（详见第22章），只举一例，“年轻女性在职场里被当成凑数的，想要工作没人给你，想看书又会有人骂你。既然如此，我想，把书换成了英语书，就没人再说什么了”。

后来，她和在报社里从事记者工作的父亲相亲、结婚，并遵从当时的社会风俗辞去公司职务，成为专职主妇，先后生下我们兄妹三人，将我们一一抚养成人。和大多数已婚妇女一样，母亲也曾因婆媳关系不和，在不休的争执后令婚姻一度陷入危机，但还是挺过来了。再后来，她靠英语能力办起了面向初中生、只招收几个人的补习班。英语班带来的些许盈余，让母亲在五六十岁的时候可以尽情在国内外旅行。父亲去世时母亲70岁。在那之后，母亲致力于参加合唱团，学打太极拳，学习法语、西班牙语、汉语，日子过得忙碌又充实。

因为母亲的身体一向很好，从未得过什么严重的疾病，所以我们几个孩子总是一厢情愿地认为：母亲会慢慢变老，不需要周围的人照顾照样可以长命百岁，然后利利索索地寿终正寝。

但事实显然不是这样。

事后回过头来再看，早在2013年夏天，事情就已经有了苗头。母亲是个爱干净的人，但在当时她已经开始嫌打扫麻烦，懒得收拾了。与此同时，牙膏、番茄酱、美乃滋等消耗品开始接连出现没有用完又开新一瓶的情况。想必是在冰箱里找不到之前用过的，只好不断拆开新的。后来等得知生病后，我在收拾母亲的房间时，找到一本她平时用来记录日程安排的手册，里面的内容中断于2014年的2月，那时候她就已经无法管理自己的生活了。

不仅如此，一向都要三餐吃好的母亲，自2013年3月起突然嫌做饭麻烦，晚饭变成了只吃生鸡蛋拌饭。这种凑合的料理放在以前根本不可想象，而且她吃饭时明显要邋遢许多，调味也变奇怪了，开始发生把食盐错当成砂糖的料理事故。到2014年6月，把锅或水壶遗忘在煤气灶上干烧的事故开始频发。为此我和她发过脾气，提醒过她很多次，“万一着火了怎么办”，但始终未果。跟她说不要再用灶台了，她就说：“我想喝茶，怎么能不烧水呢？”最后还是妹妹出的主意，出钱买了电水壶。“今后只用它烧水。”我和母亲说，并要求她严格执行。结果母亲仍然会使用煤气灶，我只好把水壶藏起来，这下母亲才不情不愿地改用电水壶了。

之后发生的，便是7月的“存折遗失”风波。8月初我好说歹说说服了母亲，把平常的活期存折交给我来管理。

我以为母亲只是“忘性大了”

尽管已经有了许许多多的前兆，而且按时间顺序去捋便会发现状况是越来越糟的，我却认为母亲只是“岁数大了，忘性大了”。

我甚至在考虑：哪怕就这样衰退下去，母亲能自己做的事，今后还是要尽量让她自己做。“妈，这个我来做吧，那个也我来做吧”，这种做法乍一看是在尽孝，其实是赶在母亲前面替她收拾“残局”，结果反而加快了母亲的衰老。所以，就算她抱怨“有点难”，趁她愿意自己做的时候，还是应该让她自己做。除非像存折这种交给母亲管理不保险的事，我才会把它揽下来。除此以外，我有必要最大限度地把母亲的生活交给她自己管理。然而，这一切成立的前提，是她真的在随着年龄渐长而衰老。

实际上，是我不愿把这些亲眼所见当作事实去接受。

自找麻烦的事，任谁也是不情愿的。

承认了眼前的真相，麻烦便会落到自己头上。或许，我就是像这样蒙蔽了自己的双眼吧。

现在看来，这无比失策。

危机管理上经常会遇到的，也是最需要提防的状况，就这样被我眼睁睁地放跑了。

由此开始，是我“照护战败”的历程。

说“战败”或许并不恰当，因为败下阵来只在一瞬之间，应该说“照护败退”。随着母亲身体机能的不断丧失、病情的不断加重，我总是在迫不得已的情况下，被动地去组建新的防御态势。于我、于我日渐衰弱的母亲，照护的历程都是节节败退与重筑战线的交替。

2014年9月秋分时节，我陪母亲去给父亲扫墓。父亲去世后的头些年，每个月的“忌日”那天母亲一定会独自去墓前祭奠。我会说“不必月月都去吧”，母亲却说“你爸会寂寞的”，从未放弃“忌日”祭拜的念头。然而这次同去，距离母亲上一次扫墓已有半年。我家的墓地位于半山腰，到那里需要走过一条平缓的坡道。令我惊讶的是，母亲的心肺功能和腿脚已经极度虚弱，半年前不费力气走过的这条坡道，如今让她喘息不止，走走停停。我终于意识到事情非比寻常。这当真是衰老吗？就衰老来说，衰弱的速度要更加势不可当。乍看是衰老的现象，若是以病态显现，就必须考虑医治了。

我给弟弟妹妹发了邮件：“母亲的状况不对劲，或许有必要去医院就诊。”从发送记录来看，这封邮件写于2014年9月26日。

跨越两年半时间，我与母亲的“照护战争”就此拉开帷幕。

CHAPTER 2

第2章

“阿尔茨海默病？我好得很！
母亲的坚决抗争

一直以来把日子过得有声有色的母亲，被怀疑患上了阿尔茨海默病。长时间来不愿面对现实的我，无法再置若罔闻了。

必须带母亲去医院就诊。话虽如此，在那之前至少要清楚应该去哪家医院的哪个科室。好在妹妹的朋友里有一位专攻阿尔茨海默病的大夫，于是，一切都从与这位专家的邮件沟通开始。需要挂哪个科室的号、可能会接受怎样的治疗、今后可能会经历怎样的变化，以及我们全家最关心的问题：到底去哪家医院找哪个大夫最好呢？在一无所知的情况下，我们只能摸着石头过河。

但真正的问题，是母亲并不愿意去医院。

“我什么事也没有！”母亲摆出坚决抗争的态度。

母亲此时的状态，大致处在阿尔茨海默病的初期阶段，这在非专业人士看来，应该也是不难判断的。然而认识到现实和接受现实却不是一个层级的问题。哪怕是我，尚且对母亲患上阿尔茨海默病的事有抵触，就别说她自己了，承认“自己患上阿尔茨海默病”一定难上加难。何况她原本就是个和疾病攀不上关系的人，自然不适应频繁地进出医院。“我好着呢！怎么就非得去医院呢？”母亲一句话把我堵了回来。母亲是个感性超过理性的人，感情上接受不了的事，她向来要表示强烈抗议。每当说到阿尔茨海默病，母亲的抵抗总是非同一般的激烈。

这样的表现并非不能理解。患者意识不到自己的症状，是阿尔茨海默病的通常情况。大脑的病变带来的，是记忆、自我、性格这些自体重要组成部分的不断改变和恶化。以不断变化的自己，去客观地认识自己的改变，这件事又谈何容易呢。何况直到不久前，阿尔茨海默病还被歧视性地称为“痴呆症”，饱受外界畏惧和蔑视。不愿承认自己患有这样的疾病是人之常情，换作是我，也不敢保证在患病后能顺顺当当地接受现实。

一个人能否接受自己患病，也要看他的性格。母亲是个自尊心极强的人，一定要活得轰轰烈烈。这背后也有为了维护自尊，为了做到家庭、兴趣、事业、学习样样不误而难为了自己的一面。一个人要眼睁睁看着自己通过长期努力换来的种种能力付之东流——对母亲来说这何其难耐！对我来说并不难想象。但是，因无法面对现实，以及守住自尊，母亲势必会对外界拔刀相向，而那利刃指向的，自然将是最近的血亲——我。

“为什么非要去医院呢？”

“为什么一定要做检查呢？”

再往下说就是“都是因为你，对我的照顾不周”。

母亲“不接受现实、不接受治疗、对抗到底”的姿态，在这之后也反反复复阻挡在我面前，令我痛苦不堪。出于善意的举动，却遭到母亲不留情面的拒绝——在我看来，照顾母亲所受的苦，有一半是来自受我照料的母亲对我这个照料者的否定和抗拒。

付出反遭怨恨的纠葛

调查后才知道，照护者与被照护者之间的争执，似乎相当普遍，而且矛头往往会指向站在护理一线的亲人，偶尔赶上有亲戚来探望老人，平时最尽心尽力的照护者本人，却有可能被说得一无是处。付出最多的反倒最遭人排挤，这无疑是件令人寒心的事。但是不论何人，只要不是英年早逝终会衰老。既然如此，眼前的母亲，或许就是未来的自己。**照看老人的过程，也会促使我们对自己老去，甚至是死去进行思考。**

此前我曾千方百计地想要说服母亲，但是最终放弃了。和她的朝夕相处让我渐渐明白，就算说动她一时，很快也会被她忘掉。准备去就医的那个早上，“有备无患，去做个检查吧”，我和颜悦色地，且不容分说地把她带出了家。

去医院就医，选择主治医师是头等大事。

就我个人而言，自然是想为母亲选一位尽职尽责的医生。

经过多方咨询、商议，最终选定的是家附近一所综合医院神经内科的A大夫。我在第一时间打电话预约挂号，被告知“新患者需要等很长时间”。但我认为排队是值得的，便预约了转过年（2015年）2月的门诊。现在回想起来，这个决定太失败了，应该尽早在医院确诊，然后尽快为即将到来的照护生活做好准备。是我自己太无知了，对症状和病情的关系不甚了解，对病情加重的速度也没有概念。更是不清楚照顾阿尔茨海默病患者应该做些什么，需要准备好哪些事情。

例如，护理床等硬件设备，又需要由谁、以怎样的流程来制定照护方案。

我对阿尔茨海默病掉以轻心了。

不，应该说事到如今，我仍然抱有侥幸心理，期待阿尔茨海默病也“不过如此”。

2014年秋天，母亲身上已经显现出诸多异常，但是，尚未严重到对日常生活构成影响。多年来养成的，去附近的付费泳池游泳的习惯并未中断；虽然不及从前讲究了，一日三餐也还可以自己准备。而恰巧在这个时期，我的工作非常繁忙。

小行星探测器“隼鸟2号”升空在即，同时执笔的两本书迫在眉睫（《小行星探测器“隼鸟2号”的挑战》《隼鸟2号的真实——日本宇宙探索的前景》），再加上为母亲的事操劳过度，我有些心力交瘁了。10月过半后的一个周五，我发现自己的左半边脸，从耳后到下颌一带起了湿疹并肿起来了。第二天那肿胀扩大了，我以为是耳朵出了问题，赶紧挂了耳鼻喉科的急诊，诊断结果竟然是带状疱疹。

结果我自己住院了

带状疱疹，一种病毒侵入神经后同时引起湿疹和剧痛的疾病，通常在压力过大时暴发，但患过一次后通常可终生免疫。我临大学毕业前，为了毕业设计实验连轴转的时候曾得过一次，原以为不会再得第二次了，后经调查得知，在极少数情况下也有多次发病的可能。想不到自己还要再体验一次那难以忍受的剧痛，我不禁为自己哀叹。耳鼻喉科大夫跟我说这超出了他的专业范围，爱莫能助。“先给你开一些抗病毒药，周一去看皮肤科吧。”结果第二天周日，湿疹扩散了，神经性的剧痛越发严重起来。一夜未眠后的周一早晨，我来到附近一家皮肤科诊所，大夫一见我便说：“离面部太近了，处理不慎有可能留下面瘫的后遗症，应该尽快留院观察。”之后写了封介绍信让我转去综合医院。

就这样，我在综合医院的皮肤科里住了整整一周，从早到晚都打着抗病毒点滴。因剧痛辗转难眠之际，两本书的编辑轮番发来邮件催促：“稿子还没好吗？”由于四人病房满员而住进单间的我，因为疼得睡不着，就瞒着护士彻夜赶起了稿子。

此时的母亲，病状尚没有那般严重，仍能把她一个人留在家里。她的行为虽然有些反常，但在表面上生活依然波澜不惊。如果能稳定在这个阶段，我也可以松一口气了。但就在我住院期间，母亲的病情在一点点加重。

同年11月中旬的一个周日，母亲对我说：“约好了去见一个朋友，你开车送我吧。”我问她要去见谁，她却答得含含糊糊。为了见面的事对方来过好几次电话，我想她们大概已经说定，当天就带母亲出了门，结果在车上问她要去哪里时，她却支支吾吾说不上来。“应该是这条街的拐角吧”“应该是那边的咖啡厅吧”，我按她说的把车开过去，但并没有见到像是她朋友的人。我愈加不耐烦了，生气地质问她“到底是跟谁约好了”，就这样在车里和她吵了起来。

当天晚上，母亲一反常态。

她两眼无神地陷在沙发里，不论和她说什么都只是哼唧两声。每个周日晚上，身在德国的妹妹一家会通过Skype和母亲视频聊天，母亲一直很期待和妹妹以及3个外孙说说话。但在那天，就算外孙出现在视频里，或是妹妹“妈妈，妈妈”地喊她，母亲也无动于衷，没有反应。头一次，妹妹意识到了事情的严重性。通话结束后她发来邮件：“妈妈好像跨过了一条线，到另一个世界去了。”但是一夜过后，母亲又缓过来了。似乎，阿尔茨海默病的症状就是会像潮起潮落一样时好时坏，这是我第一次目睹。

2014年12月，为了对“隼鸟2号”的升空进行采访，我曾一度前往种子岛。去之前，我把自己的行程向母亲交代了很多遍。因为担心她吃不好饭，每天的一顿晚饭都为她安排了送餐服务。然而，在我结束了种子岛宇宙中心升空前的采访，回到工作室里面时，母亲把电话打到了我的手机上。

“你跑哪儿去了？今天几点回来？”

母亲的记性竟然退化到这个地步了。我只觉得浑身一阵发冷。

CHAPTER 3
第3章

电视购物，阿尔茨海默病患者意想不到的大敌

如果要我用一句话来形容照顾阿尔茨海默病患者是一种怎样的生活，那就是日复一日地与压力对抗。

造成压力的主要原因，就像我之前写到的，缘于我与母亲之间意见的相左与意志的对抗。患上阿尔茨海默病后，母亲不再对自己有正确的认识，她总认为自己仍然有能力做到，并且想要去做那些已经做不到的事，结果让事情变得越发不可收拾。而意料之外的一大盲点，则是负责照料的一方，同样很难在主观上形成“这个人得了阿尔茨海默病”的认识。因为害怕承认事实如此。于是，我想不通“母亲为什么一定要这样”和“为什么就不能那样”，导致和母亲发生冲突，压力倍增。

除此之外，还有一个不容忽视的原因，那就是照护对象在被确诊为阿尔茨海默病以前，“预设”的种种遗留问题。

阿尔茨海默病这种疾病，即使发病了似乎也不易被周围的人察觉。虽然会有一些征兆，但都极其轻微，令人意识不到。

“已成事实的问题”接踵而至

当人们认识到阿尔茨海默病的严重性，正式进入照护阶段时，却会发现被照护的一方从很早以前遗留下来的，甚至是掩藏起来的种种“奇事”“怪事”突然倾盆而下，把照护者搞得焦头烂额。本书开篇时列举的，“存折上显示确实被提取出来了，却不知所踪的那笔现金”便是其中之一。说起来就好似一家表面光鲜的企业，实际上早已千疮百孔……

具体到我母亲身上，那便是一笔来自过去的不得不清算的高额负债——电视购物。

最初意识到常有奇怪的快递寄给母亲，是在即将进入2014年的时候，当时快递员递给我一张便利店的支付单据，说“请付这个”，我没多想就付了钱，但在心里是诧异的。母亲到底买了什么呢？后来，记得那是在2015年的1月底，碰巧是我签收的快递。原本打算和往常一样，原封不动地交给母亲，但我转念一想，决定打开一看究竟。

里面装的竟然是染发剂和购买收据。母亲每两个月去美发店染一次头发，想不到她还要自己染发……想到这里我突然有种感觉，这染发剂自己曾经见过。于是拉开洗面池下方的抽屉，只见一模一样的且是未开封的染发剂在那里摆得满满当当。不对，恐怕不止这些。于是再去翻找，又从衣柜和梳妆柜里各翻出一堆一模一样的染发剂，而且全部是未开封的。这到底是怎么回事？为什么家里到处都是买回来连用都不用的染发剂呢？

我赶紧拨打收据上的电话，联系了配送染发剂的销售公司，一问才知道，原来母亲签署了“每月定期配送”的购买协议。为什么染发剂这种东西需要以协议的形式每月定期购买呢？不可能用得那么频繁吧！我记得网络购物可以在一周内无条件退货，便在电话里要求退货。“这是客户的个人需求，非常抱歉，退货的运费将由客户承担。”

“无所谓，然后请把续购合同解约，已经有太多用不掉了！”

破财消灾，赶紧了了这件事吧！寄来的箱子被我重新封上胶带，退了回去。真够呛，虽然运费要自掏腰包，不过好歹少花了一笔冤枉钱，我想。然而我大错特错了，这才仅仅是开始。母亲利用销售热线订购的商品，并不止染发剂这一种。还有据说可以缓解关节疼痛的健康食品、宣称对视力有益的富含微量元素和氨基酸的食醋、以滋补功效为卖点的鳗鱼提取物胶囊、可以令皮肤状态如何如何的乳液、对身体健康有诸多益处的蛋白粉……

我把厨房、洗手间和母亲的梳妆柜重新检查一遍，结果无一例外被这些商品塞得满满当当。简言之，问题并不出在母亲利用电视购物，而是东西买来不用，都堆在家里，钱却一分不少地给了人家。我一边叹气一边拨打销售公司的热线电话，得到的答复无一不是“签署了按月送货上门的购买协议”。

我逐个地申请解约，自付运费把东西退了回去。唉！阿尔茨海默病是怎么回事，这回算是彻底领教了！不过，只要耐着性子一件一件处理下去，迟早可以把所有合同解约吧，我曾一度充满希望。然而，我记得那是进入3月以后的事。春暖花开的某天，我在电话旁发现一张可疑的字条，上面是母亲的字迹，写着电话号码和商品名称。那正是前不久刚刚被我解约并退回去的东西。

“不知道！我没买过”，回回如此

现在知道发生了什么，却没有证据。

在证物送到之前只能老老实实地等。几天后，那东西送到了。

“您到底在干什么？不就是因为这些东西多得用不掉，我才解除了合同！”

母亲当然是“不知情”的。“不知道！我没买过，也不知道家里还有！”母亲一口咬定。不是不知道，是不记得了。前不久我才把成堆的库存摆在她面前，劝她说“别再买了”，但母亲还是会边看电视购物边做记录，然后自己打电话进行订购，而且签署的依然是按月送货的合同。我重新给销售公司打电话，就说是“老人干出来的事”，解了约，办了退货手续。

同样的事在2015年早春反复了好几次。

每次都免不了一番唇枪舌剑，我提高嗓门儿，母亲也提高嗓门儿，两败俱伤。

我明白，大吼大叫也无济于事。母亲的记忆不连续了，所以才反复做了同样的事。问题是我不得不陪着她一起做，不得不一次又一次地把她挖的坑填上。徒劳感是很摧残人的。日后启用了社会照护保险，照护经理人和陪护员等社保人员开始在家里出入以后，我也和他们说起过这件事。所有人，无不唉声叹气地说："可不是嘛！电视购物对阿尔茨海默病患者的家庭来说实在太成问题了，家家都因为这件事伤透了脑筋！"上了年纪的人，特别是女性，对电视购物可以说情有独钟，很多人长年以来已经买成了习惯。电视购物所能提供的便利性毋庸置疑，但如果用户患上了阿尔茨海默病，驾轻就熟的消费方式就随之变成一种隐患。

我个人认为特别值得诟病的一点，就是"按月定期购买"的契约形式。常看电视购物的人不难发现，节目其实是利用"既方便又划算的按月订购"这一类广告语，诱导了消费者的购买行为。从商家的角度出发，续订行为能带来可靠的销售预期；但对消费者来说，每月寄来的商品却不一定能被彻底消化。视经营策略而定，也有部分商家愿意根据消费者的需求，以单个月为单位提供暂停配送的服务，但是，在患有阿尔茨海默病的情况下，消费者无法对商品的购买量进行调整。由于患者缺乏解决问题的意愿，结果便是在商品送到后，"因为害怕麻烦选择付钱了事"。

说得尖锐一点，商家针对阿尔茨海默病患者以及年迈的阿尔茨海默病"后备军"制订的定期购买合同，是否已经构成了一种合法的强行销售手段呢？虽说消费者权益是受法律保护的，但那毕竟要在消费者有能力行使权利的大前提下才能够实现。如果购买者是阿尔茨海默病患者，或是状态与此接近的认知能力与行动力低下的老年人——不言而喻，结果很可能是在缺乏察觉与质疑的情况下，只因为一句“便捷划算”就签下了合同，又因为不知道如何解除合同，东西送到以后只能老老实实付钱。

我不会认为销售者是心存歹意的，但是，我会由衷地希望商家能够反思自己的经营模式，对定期购买的契约形式重做检讨。这个问题不仅直接关系到阿尔茨海默病老人的生活支出，对照护者的心理状态也有着极大影响。

CHAPTER 4

第4章

痛失家政主权，母亲视我如外敌

压力和心境的关系，就如同往杯中倒水。与电视购物的对抗、伺候患者便尿，这些都会给照护者造成极大的压力，就像杯中的水越注越满。此外还有若干不起眼的、从日常的家务事中产生的压力。分开来看的话，这些都不是大事，放在平时都可以小事化了，但在压力几近满杯的情况下，事情就变得不得了了。哪怕是小到不能再小的一丁点儿压力，也会让人觉得“如果现在添上这一笔，自己马上就会崩溃”。杯中水已满，加入一滴也有溢出的风险。

随着病症加剧，母亲开始把家务事一点点移交到我手上。回想起来，一部分是母亲被迫弃权后我主动接下的，也有一部分是母亲声称“不行了，干不了了，你来吧”主动让给我的。

最初接手的家务是扫除。

原本，我只负责打扫自己的起居空间，因为到处摊放着工作会用到的书籍，不想让母亲碰。但是以阿尔茨海默病的显现为界，母亲便对打扫卫生的事撒手不管了。无奈之下，我的扫除责任范围不得不从起居室不断向外扩张。只有她自己的房间，母亲说什么也不让我插手，坚持说“我自己会收拾的，你别管”。话虽如此，却不见她有所行动。于是，某天我终于下了定论：应该有段日子没打扫过，母亲睡着醒着都是活在灰尘里的。

就这样，不顾母亲的反对进行大扫除后，吸尘器里收集的灰尘多得令人无法直视。这样下去可不行，整天生活在这种环境里，健康就毁了，而且肯定不能由着母亲自食其果。为什么？母亲的健康出了问题，看护的负担到头来还是要落到自己头上。就这样，整栋房子的清理工作成了我每天的例行公事。还有每天的垃圾处理，这原本是我和母亲谁想起来谁做的事，不知从何时起也由我个人包揽了。

同样的状况还有一日三餐。让母亲做饭是不保险的，调味就不用说了，主要是忘记关火的问题。等我发现时，干抹布就随手放在灶台旁边，我只好当机立断对厨房进行了扫除。厨具碗筷因此变了位置似乎令母亲大为不快，她冲我大发牢骚，我则充耳不闻。至此，厨房的“主权”也被收归在我名下。

但在事后，母亲就像在扮演旧宗主国一样，不时到厨房里视察。发现荧光灯开着就随手关上，看见柜门敞着也会故意使劲儿关上它。不论怎么看，那都是在控诉“这里是我的领土”，俨然一副“当婆婆”的做派。妈呀……想不到自己竟是从亲妈那里体会到了“当媳妇”的苦。尽管如此，那时的我仍然会自我安慰说“这没什么”。

过去一个人过的时候，对做饭我还是颇有些心得的，对料理的奥妙无穷和博大精深也有自己的感触。不过是每天多做一个人的饭罢了，没什么大不了的，我想。

但是我想得太天真了。自己一个人的话，懒得做饭了还可以买点熟食凑合一下，或者出去吃也无所谓。饭做得不好吃了，自己将就一下也就吃下去了。但是加上母亲，事情就不一样了，我必须得顾及母亲的作息，按时把三顿饭摆在母亲面前。

从“理所当然”到心理压力

理所当然地，买东西也成了我的事。一开始是去附近的超市，每次只买需要的东西。可是我也有公事在身，频繁出去购物，写稿子的时间就不够了。于是改为每周一次，去大型超市把食材囤购回来。不只是买东西，还有洗衣服、晒床单、管理摆着父亲牌位的佛龛，进而隔三岔五地去替母亲给父亲扫墓。生活的大小事全都落在了我肩上。

但由于每件事都少不了母亲的“从中作梗”，生活本身开始化作一点一滴的压力，积蓄在我心里。

读到这里，“开什么玩笑！”想必我会招来人们的骂声吧。

打扫、做饭、洗衣、倒垃圾——哪个不是再普通不过的家务劳动。“我老公什么都不做，全是我一个人在做，这么理所当然的事，怎么能说是压力呢？”我仿佛已经听到已婚女性的声讨了。

“家里有母亲？我家里还有指不定会干出什么的孩子整天大吵大闹呢！”的确，甚至还有人带着孩子和公婆住在一起。可是我原本就有公事在身，再担负起全部家务就非同小可了。

然而，这世上也有许多有家庭和事业的女人，而且肯定不是所有的已婚男人都愿意在家务事上搭把手，在背负了全部家务、照顾着所有家人、同时还要兼顾事业的女人看来，“不过如此的事情就不要叫苦连天了吧！娇气！”——大概就是这样吧。

话是没错，但“照护”和“育儿”却是极大不同的。

把孩子养大伴随着快乐，照护却没有。有的只是症状的日益加剧，以及对护理需求的不断增大这一令人心寒的现实。不只如此，对长年担任专职主妇的母亲来说，家务事相继由我接管，等同于“自己的工作遭到了剥夺”，是件伤自尊的事。结果便是家务交接过程中充斥着我与母亲无数次的冲突与争执。

负责照料的人照料得越精心，越会与照料对象的奋起抵抗迎面相撞。阿尔茨海默病患者被疾病夺去的，并非只有记忆功能，就连性格也会发生变化。具体到母亲身上，便是对自己的情绪控制和对周围人的体恤都消失不见了。

“太难吃了！给我好吃的东西！”

好不容易把饭做好，换来的却是母亲扯着嗓子喊“难吃”。换作以前，只要是儿子下厨，就算不合口味母亲也不会抱怨什么，顶多是说“这道菜淡了点，做之前最好用胡椒盐腌一下”，提点建设性意见。现在倒好，张嘴就是“难吃”。

这还不算完，母亲还会大声说：“哎，这种东西叫人怎么吃呀！我要吃更好吃的东西！”现在回想起来，或许味觉也被阿尔茨海默病篡改了吧。

当时我听了也火冒三丈:“那你到底想吃什么?!”非让母亲说出个所以然来。令人心痛的是，母亲已经说不出任何具体的菜名了。

开心也罢，不开心也罢，情绪都是条件反射似的脱口而出，但是具体到“哪道料理好吃”这种需要动脑的问题，母亲沉默了。“反正不是这种东西！是好吃的东西！”她只能这样顶回来。

尽管如此，在为母亲做饭的两年多时间里，偶尔也能听到“好吃”的评价，那种时候我特别高兴。同时，又让我觉得难过，让我觉得对不起母亲。如果自己认真学做料理的话……

2015年2月，我终于盼到了带母亲去医院的日子。尽管当事人口口声声说自己什么毛病也没有，“总之去做一次检查吧”，我态度坚决地把母亲带出了家。在脑神经外科诊室里向主治医师说明情况后，A大夫很快为母亲安排了长谷川痴呆量表测试（以问答形式测试认知能力），并为母亲预约了隔周的阿尔茨海默病排查检测。

虽然被统称为认知障碍，根据病理的不同又能分为若干种类。首先是以脑梗死为首的，由脑供血不足及供血中断引起的脑血管性认知障碍。其次是由一种特殊的蛋白质——路易小体在脑内沉积引发的路易小体型认知症，患病初期会出现幻视、妄想，及躯体活动障碍等症状，遗憾的是这种疾病目前无法根治。最后是认知障碍中发病率最高的阿尔茨海默病，病因被认为是β-淀粉样蛋白在脑内沉积引起的脑神经细胞萎缩，症状为记忆和思考等认知能力的逐渐衰退，以及和情感有关的人格变化。和路易小体型认知症一样，阿尔茨海默病在现阶段亦不存在有效的根治手段。

再坚持一下，总会有办法

对阿尔茨海默病的诊断中使用了闪烁扫描技术。向血管中注射放射性同位素，利用射线检测大脑内血液的运行。同时使用CT和核磁共振对大脑萎缩的情况进行观察，最终确诊是否患有阿尔茨海默病。

“是患了阿尔茨海默病。”对于A大夫的诊断，我并未表现出过多惊讶。以母亲近来的行为判断，即使不是阿尔茨海默病，也逃不出认知障碍的范围。“啊……果然是这样！”“那么接下来该怎么办？”这些感慨和思虑在我心中交错。

总会有办法的。

我努力这样想。就算是不治之症也不至于无计可施；自己跌跌撞撞地已经坚持半年；今后也一定会有办法；再坚持一下就好了；再坚持一下。

但俗话说积土成山。

单看每件事都不起眼，都是生活中再寻常不过的压力点滴，但是承接它的容器已容纳不下，每落下一滴都发出啪嗒的声响。

CHAPTER 5

第5章

——看护的压力，崩溃的边缘——

2015年2月，母亲最终被确诊为阿尔茨海默病。

一经确诊，接下去便是治疗，然而在现阶段，世界上还不存在可以根治阿尔茨海默病的药物。过去30年间，全球的制药企业都在致力于开发出能够根除这种疾病的药物，但到目前为止，成功的案例仍然是零。2002年时，曾有过一种意图将脑内沉积的β-淀粉样蛋白“溶解”的疫苗“AN-1792”，研发已进入临床试验阶段，但由于发现了可令患者致死的药物副作用，不得不中途喊停。

另外，在对症治疗领域，目前已有多种药物的开发初见成效。阿尔茨海默病患者大脑的萎缩是无法抑制的，也是不可逆转的，不过仍然可以通过激活剩余的脑细胞，令患者的意识恢复清晰。医生为母亲开具的处方药，由制药公司卫材（Eisai）生产的安理申（药品名），便具有这样的功效。安理申问世于1997年，在作为阿尔茨海默病患者最常服用的药物的同时，也是世界上最早出现的能够缓解阿尔茨海默病症状的药物。换句话说，在此之前，对于被确诊为阿尔茨海默病的患者，医疗界是无计可施的。

安理申的主要药效成分，是名为“多奈哌齐”的盐酸盐。

神经细胞通过在末梢释放出名为“乙酰胆碱”的物质，将刺激传递给相邻的神经细胞，然而，这种物质在阿尔茨海默病患者的脑内有明显减少的趋势。而盐酸多奈哌齐具有阻碍酵素乙酰胆碱酯酶分解乙酰胆碱的作用，因此在投入后能达到促使脑内乙酰胆碱含量增高的效果。

安理申的服用剂量由每日3毫克起步，在确认无明显副作用后，逐渐增大药量。即使服用这种药物，阿尔茨海默病也无法获得根治，不过可令患者的意识恢复清晰，从而减少病症对日常生活的影响。至于能够在多大程度上回归到“接近于病发之前的状态”，这种状态又能够维持多久，还要视每位患者的具体情况而定。短则数月，长则也有一年以上不见病症显著恶化的情况。打那以后，每天早饭后督促母亲吃药便成了雷打不动的一件事。开始时母亲不配合，坚持说自己不需要吃药，但不论她愿不愿意，就算求着，我也要她好好把药吃下去。慢慢地，母亲对吃药就不那么抗拒了。

值得庆幸的是，母亲吃了这种药并未出现任何副作用，甚至于，日后在以最大剂量同时服用多种药物时，母亲的身体亦未受到不良影响。有个好身体在这种时候就是顶用啊！我不禁对母亲的父母，也就是我的外祖父母深怀感激。好事成双，母亲在去医院就诊的过程中，还抓住了一个机会。

“要不要参加新药的临床试验？”主治医师A大夫向我们提议。预期能抑制阿尔茨海默病病情恶化的某种新药，已进入由全世界3000名患者共同参与的最终研发阶段，母亲就诊的这所医院也分到了一定的名额。“由于根治阿尔茨海默病的药物开发屡次失败（2015年时），开发焦点已经转移到以抑制症状恶化为目标。这次的新药就属于这种情况。即使起效也无法根治，不知你们是否有意参加。”A大夫如是说。

受试者中将有半数服用新药，其余半数予以安慰剂。换句话说，就算参与试验，获得新药的概率也只有50%，而且无须多言，任何新药都伴有副作用的风险。不过反正是背水一战，这里应该搏一搏母亲和自己的运气。我当即答复A大夫说“同意参加”。正式的试验要等到夏天进行，作为事前准备，母亲将在4月接受健康检查。想不到竟然赶上了新药的临床试验——此时此刻我抑制不住地认为，选择大型综合医院是自己误打误撞走出的一步妙棋。母亲却在一旁看得云里雾里。

大脑的灼烧感、随后而至的幻觉

2015年2月，母亲开始定期去医院就诊，此时，她在生活的各个方面都已离不开我的照看。起初，我还觉得车到山前必有路，但在经历了3月、4月后，非比寻常的压力逐渐发威，令我不得不面对现实。

首先是我睡眠变浅了，经常睡不着觉。

我开始借酒入睡，但这显然不是个明智的选择。酒精只会让睡眠质量下降，让疲劳感越来越重，然而饮酒量越来越大。总有一种灼烧感，像揭不下来的膏药贴在后脑勺上，情绪也变得难以控制，易怒，随时可能爆发。这些都令我与母亲之间的唇枪舌剑愈演愈烈，而亢奋的情绪又反过来使我的神经愈加疲惫。

有一套名为愤怒管理的理论，从心理学的角度讲述如何驾驭自己的怒火。例如，“人的一时冲动只存在于数秒间，因此可以为自己设置条件，在冲动与行动之间等待6秒”。再如，“不要认为某些做法是理所当然的”“将焦躁书写下来，或是以量化的形式客观看待焦躁”，这些技巧在网上和书里都经常出现，有所了解的人应该不在少数吧。不过，从我自身的体会出发，一旦被照护的压力浸透了，再想去实践这些技巧，难度堪比登天。因为这个接受新事物的过程，本身就会产生压力。对于一个处在崩溃边缘的人来说，即使被建议“去进行愤怒管理的训练”，也不可能说到做到（至少我是这样）。

说来惭愧，“善待他人的能力”在我看来是一个人心理上的余力。心有余力，才有可能宽容地对待母亲。失去了这份余力，人变得刻薄易怒，愤怒又会继续变成压力，最终把自己逼到无路可退。

结果预感成真，压力危害到了工作。

具体来说，是我出现了幻觉。

我很确信自己曾收到了，并且过目了一封根本不存在的邮件，邮件的内容是和工作有关的条款，一些“我希望能够实现”的条款。我喜出望外地写了回信，却收到了“并不曾寄出那封邮件”的回复。惊讶之余我搜索了邮箱的收件记录，结果自然是一无所获，我不禁哑然失色。之后，同样的闹剧又反复上演了好几次。

无法将自己的想象与现实区分开了，这是精神分裂症的症状，以至于我开始认为自己疯了。至于原因，能想到的也只有照护的压力。

但是，母亲的生活俨然已离不开我的照顾。即使知道是压力所致，也不可能甩手从压力中脱身，那样做便意味着抛弃了母亲。照顾他人这件事，从一开始就是和大大小小的压力捆绑在一起的。但是最可怕的，是这些压力还会随着被照护者的病情加重与日俱增。“这种程度不成问题”“还坚持得住”“再稍微努把力吧”……然而意识到时，自己已处在崩溃边缘。就算再不自知，真被逼到了悬崖边上也是知道拼命拉紧缰绳的。

但不论照护者付出多少，阿尔茨海默病的发展都势不可当。

实际上，并不是没有缓解压力的办法。那就是借助由他人主导的，具体来说即社会性的照护服务。但是在压力如此之大的状态下，我已然失去理性思考的余力。对于一个肺部进水、只能一味挣扎的溺水者来说，即使救生圈就浮在眼前也是无暇顾及的，在对死亡的恐惧下，惊慌失措地挥舞手脚就是力所能及的全部了。

在温泉里晕倒，在散步时跌倒

进入2015年4月后，母亲不只是大脑，躯体也出现了显著的衰退迹象。

过去，我和母亲会时不时地骑车去箱根泡温泉，我是希望至少生活还能照旧。4月初的时候我把母亲带去了箱根，结果在温泉里母亲晕了过去，闹出一场急救车风波。母亲已经泡不了温泉了，这次算是断了我的念想。

之后，紧接着在4月9日，周四那天傍晚，我从东京办公回来，一进家门就看见母亲脸上的一大块瘀青，右手上还有一大片擦伤的痕迹。母亲的上门牙很早以前就变成了牙桥，这时已经脱落。我赶紧询问出了什么事，母亲说“摔了一跤”。当时家里还有一条13岁的老犬，母亲负责每天带它散步，就是在那途中跌倒的。事后，为了给母亲处理伤口和看牙医没少折腾，但是不管怎么说，接下来的一周安排了新药临床试验的前期体检，这个机会势在必得。

直接从结论说起吧，母亲被判断为不适合参加试验。因为那次跌倒，母亲的阿尔茨海默病一时间呈现出恶化的趋势，而这偏偏和体检日期撞了车。结果便是母亲在长谷川痴呆量表的诊断中未能达到受试者所需的分数，被从名单上撤了下来。“这种新药的功效在于减缓阿尔茨海默病的发展，如果患者的病情已经严重到一定程度，投药便将失去意义。”A大夫如此解释说。本以为到手的机会，就这样不翼而飞了。

其实事后回想起来，我到家时母亲还记得自己跌倒的事，仅从这点就可以判断，当时母亲的阿尔茨海默病尚属轻微。但日后随着病情加重，就连刚刚发生过的事，母亲也已经没有印象了。

CHAPTER 6

第6章

“大哥，不能所有事都自己扛！”

2015年4月，母亲的阿尔茨海默病日渐严重，我则因为压力过大产生了幻觉，事已至此，我仍然没有想要启用照护保险的念头，甚至不知道社保下面就有专门针对老年人的“公共”援助体系。除了说作茧自缚外还能说什么呢？

写下这篇稿子时，我检索了过去的邮件，发现2014年11月时，妹妹就曾提到取得“照护认定”的必要性。我却一意孤行地认为，能支撑起母亲的人只有自己。准确地说，我并非不了解公共照护制度的存在，而是压根儿没有想过自己和母亲有可能利用到它。“开什么玩笑！”“这种人写出来的东西也能信？”或许会有人提出质疑吧，不如先让我来谈一谈自己的情况。

我对老年人照护制度的认识，自从1991年送走了母亲的父亲，也就是我的外祖父后就断了档。外祖父生于19世纪末的1896年，1991年去世时95岁。现在回想起来，外祖父在离世的5年前已经显现出了阿尔茨海默病的症状，而一手接过照料重任的母亲吃了不少苦头。在一旁耳濡目染的我，自那时起就萌发了“将来如果母亲出了什么事，自己也一定要对她负责到底”的念头。

身为退伍海军军人，而且是士官学校出身、拥有军官头衔的外祖父，在离职后掌管着数额庞大的养老金。他先是住进了女儿家附近一所自费的老年人公寓，等到不能自己照顾自己时就雇一位护工，护工照顾不动了就干脆搬进了敬老院。最终，外祖父是在一家专门收留行动不便的老年人的医院里走到了生命的尽头。在当时，医院才是那些家人无力照看的老人的最终归宿。

人有言，赡养父母是“儿女的责任”。正因为这句话在心中留下的烙印，我才会对高龄人口增长后社会制度的巨大变革视而不见吧。话虽如此，面向高龄人士的照护保险，却早在2000年就已经确立起来。要怪也只能怪自己蒙昧无知和对老年人赡养事业的漠不关心了。毫无疑问，这正是导致照护失败的首要原因。

进一步说，照护失败也是因为轻视了压力危害。看护的压力是一点一点积攒出来的，当你仍在用“这种程度不成问题”和“我还能行”激励自己时，压力正在稳步上升。当你意识到时，几近绝望的精神状态已不允许你做出冷静的判断，你也想不到要向周围的人求助。

对自我责任的意识过剩、对社会赡养的熟视无睹，以及如同温水煮青蛙一般的压力限制了视野，对本可以善加利用的社保制度视而不见，最终落到与我相似境地的人，或许不在少数吧。

我们自幼就被教导成人以后要自力更生，这种观念随着我们的成长已内化于心，而这个“成人”的范畴里，自然也包括老人。

与敬老精神无关，我们会不自觉地认为“成人就是能够自立之人”，那么是否在潜移默化中，老年人也被我们当成了必须自立的人呢？与其成套的观念，便是当老人无法自立后，生活理应由家人照料。照料老人，俨然已被划分为成人自立的一部分。在这种环境中，观察近来相关机构对生活保障金不当领取的严厉惩处，我不禁认为，这个社会对于自立的普遍重视程度，已经超出了正常范围。如此心态下，“求助于公共照护制度”的想法，是否已在无意识间被认为“有碍于自立”而避之不及呢？

经历这一切后我才有所领悟，照护阿尔茨海默病老人的工作，绝非“有志者事竟成”那般简单。要想圆满完成照护任务，“如何有效地利用公共照护制度”这一战略性眼光必不可少。从本质上讲，赡养老人就不该是一件只发生在自家里的事，持有“应该主要由家人负责”这种观点的人，其实是缺乏对实际情况的了解。

利用照护保险是每一位参保人的权利。我们需要积极地利用社保制度来减轻自己的负担，而不是一味地把自立摆在首位。否则自己先倒下了，哪里还谈得上照顾父母。我见过最糟的情况，是照护者杀人或是挟老人一同自杀的惨剧。

即使走不到那一步，我们也能时常在报道中看到由于照护者压力过大导致的施虐事件。利用照护保险的优势，便能减轻身为照护者及其家人的压力。哪怕是为了不让自己站在施虐的一侧，也有必要对社保制度善加利用。这绝对不等于“不负责任”或是“占公家的便宜”。虽然前面已经强调过了，从本质上讲，赡养事业成立的前提是家庭与社会制度的通力合作。

诚然，部分从业者借此商机，兜售服务超过实际所需的现象也是有的。而且家人与从业者眼中的优质服务，未必就是被照护者真心乐于接受的。也有人提出赡养事业的开销严重影响了国家的财政支出，但从另一个角度看，如果负责照看的人因压力倒下，对GDP的贡献也将化为乌有。不如把这些众说纷纭的东西放在一边，单从照护者的角度出发，一个人行使其应有的权利，是谁都无法在背后指指点点的。

一如我在前一章中写到的，母亲因为那次跌倒丧失了参加新药临床试验的机会，但也因此，才一口气促成了公共照护服务的介入，可以说是因祸得福了。而在这当中起到决定性作用的，是我弟弟。

以母亲的跌倒为契机，弟弟强势地对我说：“大哥，不能所有事都自己扛！”虽然在嘴上抱怨“怎么能对这种事没概念呢”，但他还是代替几近崩溃的我，办理了接受公共照护服务的相关手续。

“地域总括支援中心”，陷入困境时的第一选择

目前，照护保险面向的人群为65岁以上的老人，以及因

年龄增长患有特定疾病（包括骨质疏松、阿尔茨海默病等16种）的患者。

该保险的使用资格由各社区负责审核，如有需求可将“照护认定申请书”及医生介绍信（通常由主治医填写）递交到各社区。之后会有人上门了解情况，并按实际情况将参保人分为“要支援1”“要支援2”，以及“要照护1”至“要照护5”这7个级别。最终取得的这个级别，便是社保机构认为“你需要接受这一阶段护理”的“照护认定”。根据认定级别的不同，参保人可享有服务的种类，以及需要付出的代价会有所不同。如果想对照护认定做进一步了解，可以前往家附近的“地域总括中心”或“地域总括支援中心”——虽然各地区的叫法不尽相同，但大抵如此，我们检索一下便会发现，地域总括支援中心应该是无处不在的。

地域总括支援中心是与各社区签有合作协议的民营组织，因此，但凡涉及照护的问题，当地居民都可以在中心内进行免费咨询，譬如申请照护认定的具体流程，而中心也提供部分手续的代办服务。此外，中心内部还集中管理着有关照护服务的各种资讯，方便居民们迅速了解所在地区拥有的服务种类。如果在照护过程中遇到了困难，首先应该做的便是到附近的地域总括支援中心寻求帮助。

在这里，我将简单说一下我个人对“要支援”和“要照护”的理解，两者的区别主要在于“日常生活能否自理”。笼统地说，“生活可以自理，为了防止向要照护状态发展，需要他人的帮助”，这是“要支援1”；“生活可以自理，但要在辅助下才能做到”，这是“要支援2”。我们可以认为，“要支援”的服务对象就是大多数能够生活自理的普通老人。而达到“要照护”级别，就意味着日常生活已无法脱离他人的辅助。“如厕和入浴需要少量辅助”是“要照护1”；“行走和起卧也需要辅助”是“要照护2”；“如厕、入浴、穿衣脱衣需要全面照顾”是“要照护3”；“日常生活全盘需要照料”是“要照护4”；“意愿表达困难”，几乎卧床不起的情况是“要照护5”。

取得照护认定的同时，参保人可以领到一笔可观的辅助金，用于为厕所和浴室添置辅助器具、购买或租用护理床，以及在家中各处安装扶手。根据认定的级别，“日间托管”、“短期停留”、特别敬老院和老年人之家等各种服务机构，也会对参保人开放。关于这些机构的详细情况，我放在以后的章节中介绍。

照护认定的级别将直接影响到参保人利用公共服务的频度。该系统在规则上采用点数制，每项服务都有固定的消费点数，而认定级别决定了参保人每个月能够使用的点数的多少，参保人可以在点数内制订出一套服务的组合方案。毫无疑问，随着参保人的状态从“要支援1”到“要照护5”不断升级，能够支配的点数也在不断增加。

由于从照护保险中调用了公积金，各项服务的收费都很低廉。不过，对于同一种服务，考虑到“重症患者会为照护者带来更多的负担”，被照护者的状态越严重，则需要支付的费用就越多。

另外有一点需要注意的是，当前的公共照护制度恐怕不会沿用到自己年老的时候。2015年，厚生劳动省宣布将对照护保险制度进行大规模改革，改革涉及诸多方面且条目烦琐，但整体的方向是“减少社保支出，将照护机构的经营负担转移给受益者，并进一步提高各机构的入住审批条件，尽可能将照护行为控制在家庭内部”。以特别敬老院的入住条件为例，此前的最低入住标准“要照护1”，在改革后将被提升至“要照护3”。

由此可见，随着老龄人口的不断增加和劳动人口的逐年减少，为了保留照护保险制度原有的框架，厚生劳动省也不得不穷则思变。

有困难不要遮遮掩掩，而是要强调事实

不尽如人意的是，照护认定是政府部门的工作，在结果出来以前要等待近一个月的时间。因为以调查员的访问记录为基础，判断“申请人处在哪一阶段”的审核会议，每月只举行一次。好在母亲的情况是，地域总括支援中心率先灵活采取了行动。“从您母亲的状态来看，认定结果不是‘要支援2’就是‘要照护1’，所以现在就可以利用服务了。”工作人员建议我先在家中安装扶手，并让母亲参加一些有助于维持身体机能的项目。

说到上门调查的环节，对于母亲能否配合调查员工作，我在心里是没底的。果不其然，母亲满脸不高兴：“我为什么一

定要回答这种问题呢？”不过她好歹听了我的劝，顺利完成了对谈。事实上，调查员也询问了我的看法。

关于这件事，几位过来人在事前和我这样说的：“一定要实事求是，再有就是负责照看的人有必要着重强调维持生活的难处。”换句话说，如果只说“不要紧”“没什么”，评定结果恐怕会低于实际情况，为日后带来诸多不便。因此，我在接受调查时尽量以平和的语调，诉说了自己巨大的压力。

5月中旬，结果出来了，是“要照护1”。

“要支援”与“要照护”，虽然叫法相似，却是由完全不同的组织在运营。“要支援”主要由地域总括支援中心负责提供支援服务。“要照护”则是由与社区签订了合作关系的“住宅照护支援公司”，为每一位老人配备一名“照护经理人”，由这位专业人士根据老人的状况和能够使用的点数，量身打造出一套护理方案和照护计划。照护经理人在规划过程中，势必要深度了解一个家庭的真实情况，这就必然牵扯到一个人与人相处是否融洽的问题，因此，原则上这一人选是可以更换的。经由地域总括支援中心介绍，前来担任母亲的照护经理人是一位30多岁的T先生。幸运的是，T先生与我顺利建立起了紧密的协助关系，日后，我将无数次在T先生的帮助下渡过难关。

但在那之前，还有一道“如何才能令母亲适应照护服务”的难关等着我。

CHAPTER 7

第7章

母亲张口就说"不去"，初次前往机构前的对抗

借助照护保险制度取得“要照护1”的级别认定后，种类繁多的社会福利开始向母亲开放。我申请了辅助金，在玄关和浴室里安装了扶手，在卫生间里安放了移动辅助器具。接下来便是选择服务了。那么问题来了，什么样的服务能最大限度地帮到母亲呢？

最具代表性的服务有四种：聘请陪护员、日间护理、日间托管和短期停留。

一如之前写到的，所有服务均采用点数制，而照护认定级别决定了被照护者每月可以使用的点数。每种服务都将花费相应的点数，因此我们有必要认真考虑，如何分配点数才能得到最佳方案。

这时就需要名为“照护经理人”的专业人士，通过与被照护者本人及其家人交换意见，以“每个月在多大程度上利用哪些服务”为目标制订出照护计划，合理地分配点数。而这些点数的主要花费，无外乎聘请陪护员、日间护理、日间托管和短期停留这四大类项目。

陪护员是指上门做家政服务的人，用老话讲就是来家里帮忙的“阿姨”。但是，陪护员的工作内容被严格规定为只与照护有关，像“陪同散步”这种事是不能拜托他们的。这种情况若一定要请陪护员帮忙，服务性质将变成脱离公费补贴的全额自费项目。

日间护理类似康复训练，需要在医师的指导下进行，因此，机构会为被照护者配备具有相应资质的物理治疗师、言语治疗师，以及专用的配套设施。

日间托管，顾名思义，形式上相当于“只在白天开放的老年人之家”。机构会在早上派车来迎接老人，傍晚再将老人送回家。由于这些机构是私人经营，各家都会推出自己的特色项目，以提高竞争力。有的是“通过舒缓的体操活动身体”，有的是“靠写字和制作手工锻炼动手能力，预防大脑萎缩”。也有机构顺带提供康复训练（身体机能训练）的项目，但通常不会像日间护理那样以此为主业（这虽令人不解，但确实存在“以康复训练为中心”的日间托管机构）。

短期停留则是专门为老年人开设的住宿设施，说它是能够短期入住的老年人公寓也无妨。入住时间短则几天，长则几周，在“不得不留下老人长期出行”的情况下，可以考虑以每晚5000日元左右的价格入住。

那么以上介绍的几种服务和设施，在有需要的时候是否随时可以利用呢？实际是不能的。陪护员的人数有限，机构的接待量也存在上限，加之近年来老龄人口的增加，供不应求的现象日趋明显，通常来说不论哪种服务都需要等位。

考虑到母亲的情况，“最有必要的是预防体能下降”，在这一点上我们兄妹三人的意见是一致的。

2015年4月那次跌倒，无疑是母亲体力不断下降导致的。如果连“行走”这一人类最基本的活动都岌岌可危，不难想象，母亲只会越来越行动不便。万一再次跌倒造成骨折，她很可能就此卧床不起。因此，为了尽可能维持现有的生活状态，她首先要做的就是强身健体，尤其是腿脚无力的问题不可不防。

曾经热衷健身的母亲

母亲对健身原本是很上心的，每周都会去俱乐部游泳，还参加了太极拳培训班。她有段时间太极拳打得很投入，还特地买了练功服和武术靴。但是2012年年中的时候，她突然说不打就不打了。

弟弟对这件事的看法是：“就因为不打太极拳了才得了阿尔茨海默病，当初就跟她说不要停。”但是仔细想想，事情可能正相反。也许是某些初期症状，让母亲不能完成已经学会的动作，而她又不愿意别人知道，所以才变成“不打了”。这样看的话，母亲对太极拳的突然变心也是阿尔茨海默病的征兆了。

直到2015年春天时母亲还游过几次泳。6月我接到电话，俱乐部那边说松浦女士的更衣柜有段时间没用过了，问我是不是出了什么事。我听了叹了一口气，看来母亲也要和游泳说再见了。就是在接到这通电话的前后，母亲开始出现失禁问题。这样一来就没办法让母亲和别人一起游泳了，于是我替她办理了退会手续。由此可见，一旦阿尔茨海默病显现出来了，在无法停止的衰退面前，患者本人的意愿是不堪一击的。

母亲原来每天都会带着老狗在家附近散步——也是这个习惯导致了日后那次跌倒。那条狗是患了癌症的父亲在病情稳定后，忽然有一天说“和它看对了眼”，而领回来的西施和狸犬的串儿。狗跟母亲很亲，或许父亲也是希望“等自己不在以后让她能有个伴儿”。母亲也很疼它，月月带它做美容，保养毛发。

2014年入秋以后，母亲的阿尔茨海默病和身体的衰退都越发明显。弟弟坚持说“妈妈的腿脚不稳，大哥你应该跟着”，我却不以为意。不算远的一个来回，老母亲带着老狗要走上将近一小时，对于时间不断被看护夺走的我来说，一小时也是难以割舍的。何况在当时，带狗散步是出于母亲自己的意愿。对于有心力做又有能力做到的事，尽量让她自己去做或许能抑制大脑的衰退吧，我是这样考虑的。

结果却是那次跌倒令母亲与新药的临床试验失之交臂。是我的想法有问题——“最好能做的事都让她自己做”，到头来这不过是我逃避看护的借口。当时应该对母亲的状态更上心一点儿，在适当的时候陪她一起散步。然而当我的生活逐渐被照护取代，每天不到一小时的时间也显得异常珍贵。

从那以后，我每天都跟着母亲和老狗一起散步，用我弟弟的话说："就因为舍不得那一点儿时间，结果摔了、伤了，糊涂！"他说的当然没错，但这不只是散步，生活的方方面面都要克扣"那一点儿时间"，累计起来就会把自己生活和工作的时间压榨得所剩无几了。所谓照护，就是用一个人的生活，换取另一个人能够生活。

"我怎么不知道！没那个必要！不去！"

幸运的是，家附近就有一家主营康复训练的日间托管机构，而且每周还剩一个时段有名额。由于主打健身，说是"日间托管"但只开放半天，从早9点到中午12点。不过从需要母亲适应托管环境的角度来讲，半天是一个良好的开端。于是我决定每周五把母亲送去半天，第一次是在2015年的5月22日。剩下的，就是如何说服母亲了。

"不要，"母亲不假思索地说，"为什么我非得去那种地方呢？我要做什么我自己说了算。我可不去那种地方，跟着一帮人一起听人发号施令。这叫什么锻炼身体？"所谓的"热脸贴冷屁股"，就是这么回事吧。我又和她解释了好几次，得到的答复都一样。而且每次说完她都会忘，所以每次都要从头说，然后再听她同样的答复。我预感一场争执在所难免，暗自做好了思想准备。

5月22日当天，对方派车来接了。我催促母亲说："咱们走吧！""去哪儿啊？"母亲诧异地问。我告诉她上午要去康复训练。"我怎么不知道？有那个必要吗？我不去。"说完，母亲躲进了二楼自己的房间。"去吧！""不去！""说好了要去的！""不去不去！"语言沟通已然失败了，我和母亲很快争吵起来。她背对着我躺在床上，表示抗议。这画面太有既视感了，同样的情境我肯定见过，不，应该说我也干过。小时候逛商场他们不给我买玩具，我就赖在地上不起来，简直如出一辙。

拿她没办法，我只好去跟门外的人说："我母亲说什么也不肯出来，我再去试试，能再等一会儿吗？"对方一脸莫名其妙，反问道："您母亲？我是给狗做美容的，每月按时接走您家狗狗，给它剪毛。"

原来是这样！今天也是狗的美容日！我顿时觉得膝盖一软，跪在地上笑得爬不起来。自己这是在瞎忙活什么呢！先是和母亲你一言我一语地吵起来，然后做母亲的也不像母亲了，像自己小时候一样闹起了别扭，最后发现是自己把狗狗美容师和日间托管机构的接送员搞混了。

等我调整过来，把狗送走没几分钟，真正的接送员来了。这位像健身教练一样爽朗的男子站在玄关里向二楼高声喊道："松浦女士，我来接你啦！一起去活动活动筋骨吧！"母亲只好不情不愿地爬起来，下了楼。然而就在母亲故技重施说"没这个必要"的时候，健身教练间不容发地迎上一句："但是活动一下对血液循环有好处哦！”结果不知怎么搞的，我怎么也劝不动的母亲，竟然说了句“真的吗”，然后走向玄关。

母亲向来拿外人没辙，和不熟的人打电话声音能高出一个8度，家里人说什么都不管用的事，经外人一劝就听进去了。何况对方是相貌英俊的健身教练，好言相劝和你说“走吧”，这心情能差到哪儿去呢？母亲毕竟也是女人。就这样，母亲还算顺利地迈出了通往日间托管机构的第一步。

短短3个小时，久违的解脱感

上午9点出发，中午12点归来，这段时间里自己体会到的解脱感，究竟该如何形容呢？时间是自己的，随便干什么都行！但转念一想，衣服还没洗，地还没扫呢。把一直没工夫处理的家务事干完以后，就到中午了，母亲回来了。

“怎么样啊？”

“还能怎么样。”

母亲答得模棱两可，不禁让人怀疑她是否还记得刚刚出过门、做过锻炼的事。不过听那话音，她心情还算不错。我松了口气，看来以后这不成问题了。日后说起这件事的时候，照护经理人T先生也表示：“是会有这种情况，家里人怎么催都不管用，外面的护理人员却能把人说动。所以并不是所有事，都是‘交给家人准没错’，有时候由我们外人出面，事情反而好解决。从您家的情况来看，可以考虑在日间托管的那天早上，请陪护员来家里，这样您母亲也可以高高兴兴地出门了。”

原来如此，想不到照护过程中还存在这样那样的技巧，我不由得心生感慨。

CHAPTER 8

第8章

如果家人疑似得了阿尔茨海默病

既然已经写到了启用照护保险，在这一章里我将总结一下“当亲人显现出阿尔茨海默病的征兆时应该如何应对”的问题。

如果能终生与阿尔茨海默病无缘，那当然是再好不过的事。我们身边充斥着各种“预防阿尔茨海默病”的方法，但是照顾过母亲以后，我认为这世上并不存在“只要做到这一点就一定不会患上阿尔茨海默病”的方法，不存在“只要喝够这个、做到那个，就保证不会出问题”的魔力拐棍。

不过，统计数据上确实存在“只要做到以下几点就可以降低患上阿尔茨海默病的风险”的生活方式，那就是“吃好饭、睡好觉、排好便”。均衡的饮食、优质的睡眠，再加上规律的生活习惯，我们需要做的仅仅是持之以恒地坚守这些最朴素的原则。但即便如此，也不代表一定不会患上阿尔茨海默病；这只是让患病的概率下降。

回想母亲发病前的生活，有可能构成危害的，只有“比较爱熬夜、睡眠时间不足”这一条。她运动和饮食都很好，她参加合唱、游泳和学习外语，也不缺乏和周围人的交流，并非一个与世隔绝的孤寡老人。就结论而言，“任何人都有患阿尔茨海默病的可能”，正因为如此，我们才有必要把准备工作放在事前完成。

如果家里有老人，首先可以落实的就是在“疑似患有阿尔茨海默病”的问题出现以前，和地域总括支援中心取得联系。“家里有这样一位老人，目前身体还算硬朗，但是考虑到年事已高，随时都有患病的可能。万一出了状况，该如何应对呢？”就这样去和对方咨询。

在“那一天”到来之前做好准备

地域总括支援中心里汇总了各种有关公共照护保险制度的信息，事前去了解一下有备无患。如果那一天真的来了，与公共支援系统之间的交接，应该是能够实现平稳过渡的。关键在于，要让当事人在正式进入照护阶段之前，就习惯在家中接受外人的护理。

这件事非常重要。

大多数老人在刚开始接受外人护理时，都会觉得“给别人添麻烦了”，是不情愿的。我和母亲就是因为错过了早期的公共干预，以至于给后来的照护工作留下了隐患。“正式启用照护保险”，这意味着将有为数众多的外人——照护经理人、陪护员、医疗床具的出租人等，开始在家中出入，支援母亲的生活。但是从母亲的角度出发，这却意味着“突然有了一大群陌生人闯进来，打扰了自己的生活”。

“你是谁？”

“来我家做什么？”

“你有什么权力问我这种问题？”

每当有人来家里，母亲都变得高度紧张，就这样反复质问对方。不管解释多少次她还是会忘，等下次来人时还是相同的路数。然而上门服务的照护者们，无一例外地每次都能和颜悦色地重新介绍自己和自己的工作，令我不禁感慨他们不愧是专业人士。“你们真是太厉害了！”我钦佩地说。“这方面是我们外人的强项，因为可以把它单纯地当成工作对待。反而是家里人，不太可能跟母亲分得一清二楚，态度上难免拿捏不好。”对方解释说。

母亲患上阿尔茨海默病后，虽然记不住具体发生了什么，但是当时的心情和感受似乎会朦胧地留在记忆里。随着接触的增多，母亲那种随时备战的姿态开始一点点放下了。但是随着病情的加重，她还是会忘掉我们以为她已经记住的事情，或者就算记得，性格的变化也使母亲对他人充满了攻击性，相处时很难做到心平气和。现在回过头来看，如果当初能赶在病情产生决定性变化之前，尽早启用照护保险，或许母亲的精神状态在早期就能够稳定下来吧。

如果是已经发现了阿尔茨海默病的苗头，这种情况下第一时间向支援中心寻求帮助仍然是可取的做法。因为支援中心里同时也汇集了最新的医疗信息：附近有哪些医院，有哪些医师，他们又在从事哪些活动。发现母亲患上阿尔茨海默病后，我是靠自主调查为母亲选择了综合性医院，结果却是错过了最佳治疗时间，我也因此不得不承认自己的失策。应该通过支援中心找到附近值得信赖的医院，尽快就诊，这才是正确的做法。而且可以一边去医院就诊，一边在支援中心申请照护认定。就像我之前写到的，从递交申请到公布结果，大约要耗费一个月的时间。总之一切行动都应尽早。在患病早期就启用照护保险是非常重要的。照护者的负担减轻了，被照护者的生活质量也会得到较大改善。

我的失策就在于没有及时向支援中心求助，任由自己被母亲的症状一步步拖下了水。照护的压力即使在开始时不值一提，也会随着病情的发展逐渐变大。等我醒悟过来，已经浑浑噩噩过了10个月，自己则是被压力逼到了崩溃的边缘。在过大的压力下我开始变得敏感易怒，结果是伤害了和母亲的关系。

阿尔茨海默病患者会因为自身不断发生的变化而感到不安，因此，对于他们的行为要尽量做到迎合，而不是一味地否定——这便是与阿尔茨海默病患者相处的基本原则。然而，如果照护者始终处于巨大压力下，想要采取灵活的应对方式是极其困难的，取而代之的是更多的负面情绪和更多的吼叫。但是对于原本就缺乏安全感的阿尔茨海默病患者来说，吼叫只会令他们更加不安，而不稳定的情绪又会令他们的行为出现更多问题，导致恶性循环。

换句话说，为了更好地接纳阿尔茨海默病患者，应该先解决“如何在早期替照护者减负”的问题。如果照护者是孤军奋战，或是仅有少数几位家人，那么无论如何，压力都在所难免。因此，照护者的战斗力越单薄，越应该尽早启用照护保险。即使由多位家人共同照料，照护保险的介入同样必不可少，对此要有一个清晰的认识。阿尔茨海默病的病情会不断加重，照护者的疲劳也会不断积累。只要看护还在继续，想要消除源源不断的疲劳就绝非易事。如果在最初就制订出一套合理的倒班方案，那么不只是照护者，被照护者的生活也将变得更加舒适。

照护者的煎熬，被照护者的不幸

从这个角度来看，在对阿尔茨海默病患者的护理中，反而是照护者需要得到更多的关照。“只要把自己豁出去，做到尽职尽责就可以了”，若是抱着这种心态去照顾阿尔茨海默病患者，那双方都将以悲剧收场。照护者需要得到与被照护者同样的，甚至更多的来自外界的关照——虽然这一事实并未得到广泛的认识，但只需稍做思考便不难发现其合理性：如果负责照料的人倒下了，那么最终受损的还是接受照料的一方。

自从母亲开始借助公共照护保险制度获得来自社会的援助后，我便也有了更多的机会同这一领域的专家们直接沟通。他们无一例外地表达了对这一问题的看法，并且不止一次地对我说：“如果你倒下了，你的母亲也会遭殃，所以你要尽可能地减轻自己的负担，让你对你母亲的照顾可以持续下去。我们的工作也是帮你减轻压力。”

“尽可能地减轻自己的负担”这种建议，不可以带着敌意地把它曲解成是要我们贪图安逸或者袖手旁观。当你站在照护的一线上就会明白，即使想要贪图安逸也是不可能做到的。若你袖手旁观，就意味着受你照料的人生活质量将会下降，这样的行为已构成虐待，大多数人是不会这么做的。但是，当照护者承受的压力过大时，哪怕虐待也并非没有可能。

正因为如此，我们才要有效地利用照护保险，制订出可以让照护者松一口气的护理计划，而且也只能这样去做。

写到这里，我想起了2015年正月发生的一件事。

妹妹切实体会到母亲的状况并不乐观，便带着三个孩子从德国回来，和母亲一起生活了一段日子。上至十几岁的中学生，下至只有两岁的婴儿，几个孩子连吵带闹地把家里搞得天翻地覆，但母亲每天都开心得不得了。后来，全家人一起去吃了一顿河豚料理。

“你爸爸说过好几次要带我去吃河豚，结果一次也没去成。”母亲没生病前经常念叨这件事，我们也都还记得。河豚的美味果然名不虚传，不枉我们破费了一把。然而回家的路上母亲，却怨声载道——

“只吃出腥味了，一点也不好吃。”

“那叫什么呀，真的是河豚吗？”

难得大家一起开开心心的，却因为母亲的牢骚落得扫兴而归。

现在回想起来，阿尔茨海默病不只会让患者的脾气脱缰，连味觉也难逃一劫。

如果想尽孝道的话

如果想尽孝道的话，就应该在阿尔茨海默病发病以前有所行动。父母一旦患上阿尔茨海默病，支撑起他们的生活已然成为尽孝的全部，就算我们做些让他们高兴的事，他们也已经感受不到了，有时反而徒增伤悲。

日后，我和妹妹去给父亲扫墓时，妹妹在父亲的墓前祈愿许久。

我问她和父亲说了什么，她却说——

“都怪爸爸活着的时候没带妈妈去吃河豚，咱们还要跟着倒霉。想疼老婆的话别光动嘴呀！我就是跟他抱怨这个来着。”

CHAPTER 9

第9章

由父亲的死了解到“替代疗法没有意义”

2015年春天，母亲患上阿尔茨海默病的事开始逐渐被她的亲戚、朋友知晓。途径主要是通过电话。

那时母亲还能打电话，但是仍有人察觉到了她的异常。他们会在我接电话的时候跟我打听："你母亲最近怎么样啊？"也有人特地打来电话询问："你母亲最近怎么没来游泳啊？"或是"好久没在合唱团里看见她了，是不是身体不太好呀？"起初我还会搪塞几句，但是渐渐地，瞒不下去了。

"其实，我母亲得了阿尔茨海默病……"

听我这样说，对方大多会倒吸一口气，然后说一句"请她一定要保重啊"，就此结束通话。也有人特地寄来了慰问品，对他们我深怀感激。但是寄来的东西，有些着实让我为难。他们在慰问卡上写着"喝这个试试""用这个试试"，都是各种替代疗法产品——补充剂、健康食品、健康用品。

自从10年前送走了父亲，我便开始认识到，一个人无论健康与否，服用补充剂、健康食品，或是其他种类的替代疗法产品都是无意义的，有的甚至可以说有害无益。

父亲因患癌症于2004年9月病逝。2004年春天，由于多次转移复发，父亲表示太痛苦了，不愿再接受手术治疗，顺带连化疗也一并拒绝了。“对于一个完成了使命的人，长生未必是件好事。”父亲做好了赴死的准备。

然而身为他的亲人，我们是看不下去的。

总不能见死不救吧。我们找来各种替代疗法产品，统统交给父亲。蘑菇海藻精华、北美原住民的草药、杏仁与梅仁的提取物，以及各种奇奇怪怪的民间疗法——不论哪个都价格不菲。父亲每次都只说“是吗”，然后二话不说便吃下去。一定是我们太担心他了，他才会用那种方式给我们一点慰藉。

父亲整理了自己大量的藏书；去全国各地见亲朋好友，做“此生的告别仪式”；他随团去中国旅行，看一看自己出生长大的地方（父亲生在中国东北地区）。之后，父亲在医院里度过了人生最后的三周，走后没留下一件身后事。

除去送葬等一系列手续，父亲唯一留给家人的工作，是哭笑不得地替他收拾生前穿过的西服。父亲的穿衣品位令人汗颜，却唯独钟爱手工西服，结果便是上好料子搭配奇特花纹的西服在家里堆积成山。

后来，一位从事医疗工作的熟人和我说：“癌症让患者有机会按照自己的意愿整理和总结自己的人生，这一点还算好。”

至于那些花大价钱买给父亲的补充剂和健康食品，究竟在多大程度上延长了父亲的寿命，缓解了父亲的病症呢？我认为完全没有。

在攻克癌症的课题上，现代医学已经投入超过一个世纪的不懈努力，如果当真存在行之有效的疗法，它不可能逃过长久以来致力于此的医生和学者们的眼睛，早已被制药公司拿去做成产品了。然而事实并非如此。

避开药品管理法的原因

从这个角度来看，替代疗法的产品其实是巧妙地钻了药品管理法的空子。这些产品对服用效果的描述含糊不清，有些甚至不在包装上写明药效。

还有那些印着真人照片、以亲身经历证明产品“有效”的宣传册，往往是在边边角角的地方，用小字写着“个人感想仅供参考”的厂商声明。仔细想想，其实谁也无法证明那句“有效”是照片里的人亲口说的。就算随便找来一张照片，捏造出一段经历，消费者也无从考证。

更有甚者，商家会附上一段说辞，“若将该产品的有效成分以药品形式投放市场，将会对制药公司既存药品的销路构成负面影响，因此该产品在药品化的道路上频频受阻”。这应该属于阴谋论了。若当真有效，各大公司与其设下障碍，不如争先恐后地大力投资，这样才是生财之道。即使是“在既存药品的投资成本回收以前暂时雪藏”，若被竞争对手抢先一步，结果同样不容乐观。所以如果当真有效，哪怕舍弃正在销售的产品，也有必要加大研究和投资力度，尽快将新药投放市场，这种做法才合乎逻辑。

也有厂家表示：“取得基于药品管理法的新药生产许可是

一个漫长的过程，为了尽早将有效的产品送到备受疾病困扰的人们手中，我们才决定先以审查标准较为宽松的食品的形式进行前期销售。”且慢，涉及药物的有效成分，对含量稍加调节就可导致药副作用，原因正是该成分对人体有效。药效越是显著，对含量的调节就越需谨慎。一种成分若能被添加到人们能随便购买的食物当中，其效力也就可想而知了。

不仅限于癌症，如胶原病和特应性皮炎，只要是难以治愈或无法根治的疾病，一定摆脱不掉替代疗法的纠缠。阿尔茨海默病也不例外。

健康食品、补充剂，外加非常规的治疗方法，种类繁多的替代疗法已经渗透到我们生活的方方面面。尤其在美国，自20世纪60年代后半期以来，替代疗法不断扩张其势力范围，最终形成的便是今天的巨大产业。美国儿科医生保罗·奥菲特在其著作《你相信魔法吗？替代医学的是与非》（*Do You Believe in Magic? The Sense and Nonsense of Alternative Medicine*）中详细介绍了这一产业形成的来龙去脉。我认为对于所有深受顽疾困扰的人，乃至所有认为“健康离不开补充剂”的人，这都是一本必读的书。

顺耳的宣传语成就了巨大的市场

根据奥菲特所述，替代疗法之所以能在美国市场中立足，大致是因为运用了如下的推行手段。首先是出现了一批商家，利用“纯天然”“效果稳定”“无副作用”等人们喜闻乐见的广告语为替代疗法造势。其产品针对的疾病主要为癌症一类——为患者身心带来巨大痛苦，却又难以被现代医学所治愈。如此一来便吸引了大批有病乱投医的消费者，正因为他们是当真走投无路了，对金钱毫不吝惜，替代疗法才得以卖出天价。

至于实际的药效，其实可有可无，毕竟就算药不灵，也有信则灵的安慰成分在。在心理作用的驱使下，对替代疗法趋之若鹜的患者们会自发地认为产品“有效”，并自觉地替产品宣传“能治好医生也治不好病”。有些商家还能请到歌手、演员、运动员等公众人物，这些人会像广播站一样为商家所用。就这样，一套行之有效的自动化吸金流水线诞生了，之后只需花大价钱买通政客，替代疗法的合法化便指日可待。政客们说到底也是医疗领域的外行，使用对一般消费者起效的方法，同样可以在他们心里植入对替代疗法的好感。

一旦法律出台、形成了巨大的市场，行业里的从业人口也会随之增加，这样一来，即使是政府部门也无法轻易坦白说“其实从来没有效果”了。一个“即使没有效果或效果甚微也不妨碍随意吸金”的巨大市场就此成形。

书中同样阐释了与替代疗法并驾齐驱的补充剂市场的“生存之道”，读过之后便能看清，我们的生活中究竟充斥着多少错误的健康信息。维生素冲剂、氨基酸片、某某天然提取物、某某自然浓缩精华——我们平时对其效果深信不疑的东西，却被奥菲特以“无用无效”一言以蔽之，毫不迟疑地舍弃了。

经历过父亲因癌症去世这件事，我认识到“替代疗法和健康食品都是无意义的”。

因此当客人一边说“请用这个”，一边善意地把替代疗法产品递到我手里时，我会是怎样一种心情呢？

我心里是不情愿的，是充满挣扎的，特别是在压力即将突破忍耐上限的情况下，一丁点儿的负面情绪也会在脑袋里铮铮作响。

然而那些东西无疑是对方担心母亲才送来的，就算我个人再有想法，也不可能转手把东西丢进垃圾桶。顶着压力，我还是给母亲吃了。每天早上给母亲喝一包健康食品冲剂，其实不过是举手之劳，但当我压力已经爆棚，举手之劳也需要很大毅力。母亲会问：“这是什么？”我不会说“这是对阿尔茨海默病有效的健康食品”，而是谎称“听说对身体有好处就收下了”。好不容易劝她喝下去了，紧接着还有一句“难吃死了！什么怪味道”的埋怨等着我。因为母亲记不住事了，同样的事每天早上都会重演，让人无望又无助。有一次，我收下了一套“据说芳香可以刺激大脑”的熏香器具，点香时却被母亲怒斥说：“太难闻了！别再点了！”那东西从此便成了摆设。还有因为“香辛料可以刺激大脑”才收下的味道极浓烈的印度风味曲奇，母亲不吃，只好全部由我代为处理。

还有一次，当我被告知“椰子油对阿尔茨海默病有好处”并收下了一大瓶时，其实是收下了一个大麻烦。我用椰子油代替黄油抹面包给母亲当早饭吃，却忽略了母亲一直以来都是黄油的忠实粉丝。

20世纪60年代人造黄油曾因为“比黄油更健康”的宣传语，被摆上了千家万户的餐桌。但在当时母亲就明确表示：“我不管它对身体好不好，像人造黄油这么难吃的东西就是不许上餐桌，绝对是黄油更好！”母亲对乳制品——黄油和在咖啡中添加的牛奶——的执着是非同一般的，对来自植物油脂的人造黄油和咖啡伴侣的态度是坚决否定的。如果她发现早餐的吐司面包上抹了椰子油，结果必然是：“这是什么？难闻又难吃！”即使是普通老人，对突然要改变生活习惯的安排也是排斥的。椰子油绝对不属于难吃的食材，但是，原本就不习惯吃椰子油的母亲，会把这件事理解成是“强迫她吃奇怪的东西”，所以才格外抵触。后来我花了好大力气才让母亲适应了它。

说到椰子油，2016年4月日本经济企划厅曾发表声明——以预防阿尔茨海默病和癌症为卖点销售食用椰子油的宣传手段是毫无根据的，并认为此举已触犯虚假宣传的相关法律（夸大使用效果），对进行销售的食品公司予以禁止再犯的警告处分。由于过度使用“对阿尔茨海默病有效”的宣传语，针对宣传手段最为露骨的几家企业进行整治似乎起到了罚一儆百的效果，如今，“椰子油对阿尔茨海默病无效”已经成为众所周知的事实。实际上，在上述事件发生的大约一年半以前，“椰子油对阿尔茨海默病无效”的健康信息就已经登上了各大媒体报道的醒目位置。

同情我就拿钱给我

当顽疾缠身，多数人抱着“有效没效试过才能知道”的心态抓住了替代疗法这根救命稻草。

然而替代疗法之所以被称为替代疗法，相比常规疗法的效果在从理论到临床的各个环节都已得到证实，替代疗法的效果一定是微弱的，更不用说那些滥竽充数的冒牌货了。既然如此，这样的东西便不值得一试。就算有效果，那性价比也是极低的，更何况部分补充剂还被曝光对健康有害。与其寄希望于替代疗法，不如将现有资源用在更切实际的医疗手段上。对此最有体会的，莫过于身处护理一线的人了。

那么，如果想慰问阿尔茨海默病患者，送什么好呢？

首先，我们或许应该放弃“自己是有能力帮助阿尔茨海默病患者”的这种想法。现阶段，除去正常颅压脑积水的情况，阿尔茨海默病属于不治之症，而且症状会随时间推移不断恶化。这样说或许不近人情，但任何亲朋好友在这种疾病面前都是无能为力的。所以我们不如换一种思路，对照顾阿尔茨海默病患者的人，我们能予以怎样的援助呢？

其实送什么都不如送钱。如果对送现金有抵触情绪，送购物券也可以。从“什么都能买”的角度来讲，近来流行的网购礼品卡或许是个不错的选择。

生活一旦进入照护阶段，无论如何都会对照护者的收入造成影响。相反地，支出却随着使用设施服务和购买护理用品不断增加，同时无法预计这种趋势何时停止。在收入减少、支出无止境增加的情况下，最有用的就是钱了。多年前的一部电视剧《无家可归的小孩》中，安达佑实饰演的铃的口头禅“同情我就拿钱给我”，放在照护者身上同样是令人唏嘘的事实。

说回健康食品，如果负责照料的人认为患者有必要服用，自然会主动购买，而这也少不了对金钱的需求。相比自作主张把自认为好的东西塞到照护者手中，我们更应该相信照护者的判断，把照护者视为援助对象，为照护者的购买力贡献一分力量。或许这正是自己当时的愿望吧……

CHAPTER 10

第10章

你了解自己母亲的内衣吗？

2015年5月，来自社会的援助逐渐步入正轨，我也开始筹备为期一周的韩国之行。世界科学记者大会（World Conference of Science Journalists）将在首尔举办，我被邀请作为宇宙探索环节的小组发言人作演讲。

考虑到家里的情况，我曾一度想过回绝。母亲的病情虽然发展缓慢，但也确实在加重。在2014年12月，我还可以把母亲一个人留在家里，给她点份外卖晚餐就好，自己前往种子岛取材。但是到2016年6月，母亲已经没有能力自己做早饭和午饭了。照这个势头发展下去，不难想象，自己的取材工作将变得越发难以实现。作为一名科普读物写手，外出收集资料是关乎生计的头等大事，没有取材就没有文章的产出，没有产出就没有收入，这样下去，就无法维持自己和母亲的生活了。

“想想办法应该可以解决。”关键时刻对我予以正面回应的，是照护经理人T先生。“‘要照护1’的认定已经下来了，6月照护保险的点数十分充足。配合松浦先生的出行计划，我们可以请陪护员来家里帮忙。时间就定在吃饭的时候，一天三次，每次一个小时，这样一来您母亲就可以正常生活了。”

恰好是从5月底开始，母亲每周五要去托管机构做康复训练。为了把母亲顺顺利利地送出家门，T先生建议我在那天早上请陪护员来家里帮忙。不论是以哪种形式，今后都免不了要请经验丰富的陪护员上门照料阿尔茨海默病老人。因此，不如借这个机会让陪护员来家里，这样母亲也可以尽早适应。值得庆幸的是，在我首尔之行的后半程，侨居德国的妹妹领到一周休假回到国内，帮忙处理了许多我顾及不到的杂事。弟弟也忙里偷闲回家露了一面。

就这样，在安排好一切后，我于6月7日踏上了前往首尔的旅程。

陪护员，一种高度专业化的职业

关于陪护员——正式的名称是家庭陪护员，在此前的章节中曾作为照护保险制度具有代表性的服务之一做过简要介绍。陪护员被定位为家庭护理方面的专家，不论工作性质还是工作内容，都不同于一般意义上的钟点工和家政服务。陪护员在上岗以前需要接受130个小时的“照护人员基础进修”专业培训，以取得相应的职业资格。

一个家庭需要在什么时段，请几位陪护员，做哪些工作，这通常是由照护者与照护经理人协商决定的。照护经理人会根据商议结果制订出照护计划，并与陪护员所属的上门照护事务所取得联系。之后，事务所会调整陪护员的时间安排，决定派谁去上门服务。

陪护员的工作内容被限定在“身体照护”“生活援助”和“咨询·建议”这三个方面。身体照护包括进食、入浴、如厕、更衣、刷牙、修甲这些同身体有关的项目。生活援助是指做饭、扫除、洗衣、购物等生活中必不可少的家务事。咨询·建议就无须解释了。合同中对于工作范围的规定极其严格。例如，擦玻璃、修剪草坪、除雪这些看似属于扫除的工作，均不在陪护员的职责之内。另外关于购物，陪护员只能单独外出采购，而不可以陪同阿尔茨海默病患者一起购物。这样的规定虽然给人感觉过于死板，却可以有效防止专业陪护员被雇佣方当成小时工，被迫从事各种职责之外的劳动。

为母亲提供服务的这家上门照护事务所，其运营方针便是“当发生职务以外的委托时，人事费将全部由雇佣方自行承担”。照护经理人T先生曾巧妙利用这项规定，制订出了“正午起一小时，利用照护保险请陪护员为母亲做饭；午后1点起一小时，自费请陪护员陪同母亲购物”这种灵活的照护方案。

在我前往首尔的一周时间里，母亲先后受到了3位陪护员的照顾，3位都是住在附近的60岁左右的家庭主妇。陪护员这一职业其实并非只录用女性，但是在母亲的照护生活中，我确实不曾遇见任何男性陪护员。虽然不清楚全国范围的从业人员性别比例如何，但似乎，陪护员这种职业的现状，是以年纪较大的主妇为主力军，各自运用以往积累的家务经验，在家附近从事陪护活动。

只要是人与人之间的相处，就必然会涉及是否融洽的问题。陪护员也不例外，与被照护者之间同样存在“和”与“不和”的问题。在这一点上，母亲是幸运的。在我出差期间来到家里照护母亲的K女士、W女士和S女士，在之后的日子里也没少来。虽说后来也有其他人员参与进来，最终总共有6位陪护员向母亲伸出了援手，但是她们三人始终是这一团队中的主力。特别是K女士和W女士，她们在帮助母亲前往托管机构的任务中扮演了举足轻重的角色。

陪护员刚来家里时，我并不在场，据说母亲表现得非常警惕，质问对方：“你是谁？来我家做什么？”但对方不愧是受过培训的专业人士，始终和颜悦色地重复着相同的介绍，并在做饭、扫除和洗衣等方面予以母亲生活上的支持。周末弟弟会过来帮忙，再加上后半程妹妹的参与，母亲顺利克服了“将陪护员请进家”这道生活变化的难关。当我忧心忡忡回到家时，迎接我的是母亲还算说得过去的心态。

其间的事母亲当然已经忘了，所以后来她也无数次地指着陪护员，质问我说：“这个人是谁呀？”

将陪护员请进家的同时，我准备为母亲安排另一种托管服务。每周五上午9点到正午的康复训练时间，几乎是我唯一的空闲时段，而仅靠这些时间并不足以减轻我的负担。从“要照护1”能使用的保险点数来看，每周还可以额外增加一天的日间托管。

停留在过去的对托管的印象

母亲在健康的时候，就对“把老人集中起来统一管理的地方”颇有成见。“把上了岁数的人凑在一起，做些哄小孩的游戏，荒唐！我可不要，也不想受他们照顾，我要想怎么活就怎么活。”每次说到这件事上，母亲都义愤填膺的。其实我也一样，想必各位读者也有同感吧。但实际上，现如今的托管机构已经不会像哄小孩那样哄老人了。母亲之所以对“集中管理老人的地方”抱有成见，恐怕是因为她的父亲在接受机构照料的时候——20世纪80年代末至90年代初——给她留下的负面印象吧。所谓“哄着老人玩”，也是因为当时的社会不懂得如何应对突然增多的阿尔茨海默病老人这个群体，属于摸索阶段不可避免地误入歧途。

托管机构也分很多种，各家都有自己的特色。如果给老人选的地方不合适，结果一准是“不要！我不去”。考虑到母亲的性格，找一家在各个方面都没有硬性规定、待人灵活亲切的机构是必需的。其实妹妹选在这个时间回国，也是为了能帮母亲物色一家称心的机构。经过与T先生沟通，并在参观了几家机构之后，妹妹找到了一处她认为“母亲来这里一定没问题”的地方。

那是一家坐落在住宅街里、由普通民房改造成的仅接待少数老人的托管机构，老人可以像待在家里一样在那里待上一整天。妹妹去参观时机构已经满员，不过在我回国后的第一个周一，对方打来电话说有空位了。于是从6月底开始，母亲在原有康复训练的基础上，又增加了一天的标准日间托管从上午9点半一直持续到下午4点半，共计7个小时。若把接送时间也考虑在内，便是实打实的8个小时了。这件事定下以后将会带来多大解脱，有过照护经历的人一定深有体会吧！从原本没日没夜的提心吊胆，到现在终于可以每周有一整个白天全面解禁了！

与此同时，T先生对母亲的照护方案进行了大幅调整。由于母亲已经适应了陪护员的存在，一周中除去托管日的其余几天，也开始有陪护员在中午来家里做饭。这样一来，在托管日那天我就可以外出一整天了。机构首先为母亲安排了一次时间较短的"尝试性托管"，以便观察母亲对新环境是否适应。不出意外的话，随后那周就可以正式托管了。母亲的试用期被定在了6月25日。

为了当天一切顺利，我提前和T先生交换了意见，做好了万全的准备。陪护员K女士将在早上来家里送母亲出门。计划是让K女士用明快的语调向母亲问好，然后说："松浦女士，咱们今天要出门哦，快来换衣服吧！"就算母亲不听我劝，受到K女士感染也会动了出门的念头吧！

谁承想，母亲耍起了性子。

在有K女士助阵的情况下仍然一口咬定"就是不想去"。

机构派的车来了，母亲的情绪却不见好转。没办法，我只好以退为进，让对方一会儿再来。等把母亲送走时我精疲力尽。K女士笑着说："开始时谁都一样，不用担心。"下午3点，母亲完成了短暂的托管任务回到家，从她明媚的表情中我仿佛看到了今后的一帆风顺，心中一块石头落了地。

我可不懂母亲的内衣！

妹妹这次回国还完成了另一项壮举，那就是帮母亲整理了入夏后要穿的衣物和内衣。

在这里，我想问一问所有的男同胞：

你们清楚自己母亲的内衣长什么样吗？又是否知道这些内衣会随季节发生怎样变化呢？

反正我是一窍不通。说起母亲的内衣，我还小的时候母亲会当着我的面换，后来就再没有见过了。一直以来母亲都是自己管理自己的内衣，但现在已经没有哪件事是母亲可以自行管理的了，不论问她什么她都回答"不清楚"。而我呢，就算把内衣摆在眼前也不知该如何帮她穿戴。有妻室的男人还可以求媳妇帮忙，但不巧自己是个单身汉。还好妹妹来了，把夏天的内衣翻腾出来，又买了一些，再整理一番，好歹为母亲做好了迎接酷夏的准备。

到此为止，照护的框架已初步形成，未来的方向也有了眉目——在令人松一口气的6月末，意想不到的严峻事态正悄然浮出水面——母亲开始失禁了。

CHAPTER 11

第11章

怀抱着内裤的西西弗斯

那段日子实在是过于不堪回首。

尽管我已下定决心不去写它，但是看来不写不行。

关于失禁的那些事。

母亲开始出现失禁的苗头，是在2014年12月末。起初，我发现母亲的内裤被偷偷晾晒着，而我不记得自己洗过。我问母亲怎么回事，她却避而不答。但是同样的事一再发生，她终于无奈地说："脏了呗！"

原来是失禁。女性由于尿道较短，更容易出现失禁问题。尚未步入老年便因失禁苦恼的女性也是有的。失禁也是没办法的事，这便是我当初的感想。"脏了的话，和其他要洗的衣服分开给我就好了，我来洗。"但是母亲仍然会偷偷晾干内裤。

坐视不管是不可能的，我开始研究对策。我去药店买了贴在内裤里侧的防漏垫回来。但是当我说"用这个吧"，把东西交给母亲时，母亲的反应却出乎我的意料。"不要，这种东西我坚决不用，垫着这么硬的东西难受死了！"母亲表现得非常抗拒。

"你说不用，到时候还是会漏，有什么办法呢？用这个总好过……"

“不用！坚决不用！不用我也挺好的，大不了脏了我自己洗。我的事，不用你管。”

同样的争执日复一日，不论我怎么劝，母亲都不肯用防漏垫。

更换洗衣机的节外生枝

2015年1月，我把家里的旧洗衣机换掉了。此前母亲一直钟爱老式的双槽型洗衣机，但由于机器已经破旧不堪，再加上母亲偷晾内裤的次数不断增加，我预见到今后的待洗衣物会越来越多，就买了一台全自动洗衣机。谁承想，母亲却不会洗衣服了，因为记不住新机器的使用方法！这一下戳中了我的思维盲点。在此也提醒处在照护立场上的各位读者，尤其是男同胞，“由机器换新导致不会使用”的现象是会发生的。

母亲跟我抱怨说“还是之前的好”，我无言以对。就这样，母亲的内裤开始由我全权负责。我把内裤在水桶里浸湿，用氧化型漂白剂浸泡后，放入洗衣机里旋转。尿液在本质上相当于汗液的浓缩版，经肾脏过滤后不会有想象中的那般污秽，虽然多少有些味道，不过仍在可以接受的范围内。话虽如此，清洗内裤绝非一项令人愉快的工作。2015年3月至5月，我被压力逼到出现幻觉，也是因为有这件事在背后推波助澜。然而这还仅仅是开始，随着失禁量的增加，这事不可能一直停留在“沾了些在内裤上”的程度。

我记得那是在2015年6月上旬。那天早上我和母亲吵了一架，具体原因记不清了，总之是关于早饭吃什么的问题。由一件无聊小事引发的争执很快升级成了激烈的对骂，然后——大概是小肚子使劲儿了吧——母亲毫无预兆地失禁了。整个过程悄无声息，但如果非要加上一个拟声词的话，那就是“哗”的一下，就是这种程度的失禁。裤子湿透了，尿液顺着脚脖子往下滴。等我反应过来，最先想到的是：原来之前那次是这么回事！

那是在几天前，我发现厕所门前有莫名的滴水现象。

事情成了这样哪儿还有心思吵架。所幸当时没在铺木地板的房间，算是不幸中的万幸。我赶紧把地擦净，给母亲换好衣服，再去处理那些衣裤。自那天起，我就开始了同失禁的搏斗。厕所门前开始不时有尿液滴落，应该是母亲感觉到尿意，来不及走进厕所就在门前漏了。发现后我迅速清理好地面，然后直奔洗衣机，只见母亲正站在那儿，打算清洗被她藏起来的脏衣服。不是不会用新洗衣机吗？没错，所以我目睹到的正是事故现场被进一步扩大的瞬间。

新机器是全自动型，从注水到脱水的全部工序都要靠按键设置，所以母亲不会用。母亲照搬过去的步骤，为了向洗衣槽里注水，先用水桶接水，却洒得洗漱间里满地是水。我连忙接过脏衣服，处理完地面又处理衣物。6月从首尔回来以后，这种事一天要折腾好几回。失禁一次，就意味着要清洗一次地面，以及裤子和内裤各一条，有时还要搭上一只袜子。最要命的时候，只一天就洗了五条内裤和五条裤子，我差点哭出来。

五条裤子都洗了，第二天没得穿。我无奈地抱起裤子和内裤，一路跑到投币洗衣房，去用烘干机烘干。之后第二天，失禁如约而至……我感觉自己就像希腊神话中一次次将巨石推向山顶，又每次都只能任由巨石滚落的西西弗斯。不论我跟母亲说多少次，“别把脏衣服藏起来，漏尿了就直接喊我”，她都听不进去。其实不是听不进去，是压根儿记不住，外加脾气倔得可以。“谁藏了？我就是要自己处理，一边待着去！”她甩话给我。

“我来吧！给我吧！”

“我自己能行！”

“昨天和前天，哪天自己能洗了？”

“不用你管，一边待着去！我能不能那是我自己的事，一边待着去！我自己会处理，一边待着去！”

“为什么你就是不肯听我的呢？”

争到最后，都累了，我好歹把脏衣服夺回来，洗了，烘干了。真让人吃不消哇！刚叹一口气的工夫，我又在厕所门前发现了漏尿，又在洗漱间里找到了抱着脏衣服哗啦哗啦洒水的母亲——又一次面对同样的事在同一天内反复上演。事已至此，母亲依然顽固地不肯接受防漏垫。母亲的心情并非不能理解，是否能约束自己的排泄行为，这关乎一个人最基本的尊严。当尊严不再能靠自己维护，要面对这样的现实又谈何容易。但是，若母亲再不肯妥协，我的精神和肉体就要双双瓦解了。

“算我求你了，用吧！”

“不用，坚决不用！”

无休止的争执还在继续。

结果，失禁问题不可避免地被带到了家以外的地方。我家附近有家餐馆，我和母亲懒得做晚饭时，偶尔会去那里解决。失禁刚开始变严重那阵子，某天，我们和往常一样在餐馆里吃过饭，到了该结账的时候，母亲突然紧张起来。“我先回去了。”母亲撂下话就急匆匆地往外走。我心里纳闷，结账时才发现椅子上的尿液，原来是漏尿了。

不管怎么说，事情发生在了餐馆里，周围还有好多人在吃饭呢。我赶紧向店方赔了不是，好在老板娘是个通情达理的人。“谁都有上了岁数的一天，这里我们会处理的，您快去追您母亲吧。”第二天，我提着一瓶日本酒回到那家餐馆，再次向老板娘表示了深切的歉意。相比在公共场所漏尿这件事本身，母亲“没有负起责任就扬长而去”的做法给我的打击更大。

和照护经理人T先生谈过之后，他是这样说的：“请您不要责怪她。您母亲恐怕是因为漏尿的事慌了手脚，不知道如何是好，所以才想离开那个地方。这种情况在阿尔茨海默病患者当中是很常见的，请您待她温和一点。”不急不躁，循循善诱——这是与阿尔茨海默病患者相处的基本原则。然而在这件事上，我却表现得无能为力。如果说正是这些无能为力最终造成了我在照护战线上的节节败退，我无言以对。但是说句心里话，在那种情况下仍能做到不急不躁的亲生子女，这世上又有多少呢？

难就难在是亲生的

父母健康的时候，和子女可以通过相互体恤来维持关系的融洽。但是当阿尔茨海默病发作，此前的默契不再能正常运转。尽管想要去理解对方的处境，患者的声音和表情——这些人格在外表上的体现，却不会在一夜间改变。明明还是那个人，做出的事情却让人无法理解，这在感情上必然是难以接受的。原本依靠相互理解维持的信赖关系，如今对双方而言都变质成了单方面的依赖。

这种情况下让子女照顾老人，做子女的也罢，做父母的也罢，想要彻底摆脱对另一方的依赖都是不可能的。那么怎样做才好呢？这就需要请照护方面的专家出面干预了。

幸运的是，母亲的频繁失禁恰好发生在照护保险启动之后，陪护员开始来家里帮忙的时候。“家人提出这种要求（贴防漏垫），任谁都是不愿意的。让我们和她谈谈吧，然后让她慢慢去适应。”陪护员们这样和我说，然后便真的把这件事落实下去了。

进入7月后，随着托管服务步入正轨，由陪护员主导的照护方案也开始正式实行。此前不论家人怎么说都还能要赖不听的母亲，如今让外人用不伤自尊的圆滑方式劝说后，变得好说话多了。在几位陪护员的努力下，母亲终于勉为其难地，自己把防漏垫贴在了内裤上。而我也终于从一天内洗好几遍内裤的生活中解放。

陪护员K女士和我说："松浦女士这种情况已经算很好了，我接手过的患者中，比她严重的大有人在呢。有些人不光是小便，连漏了大便的内裤也要藏起来。因为第一感觉就是'丢人'，而且'不能被人发现'。但是这样藏来藏去的，我们找起来就难了。过了好久才从壁柜的角落里，或是从柜子后面翻出一堆沾着干便的内裤。"

母亲还没严重到那个地步，但是失禁的状况确实在一点点加重。2015年秋天，由于失禁量的增大，在内裤里贴防漏垫已不足以解决问题。每天早上一觉醒来，吸收不掉的尿液都会把褥单弄脏。事已至此，只好让母亲改穿成人用的纸尿裤。大概是"纸尿裤"这个字眼让人不舒服吧，照护领域里通常称之为"康复内裤"。我是希望母亲尽量穿得舒服，查来查去选了吸收量300毫升的款式，结果却遭到母亲的强烈抗议。

"我穿不了这种东西，鼓鼓囊囊的，穿着别扭。"

"但是不穿会漏吧？"

"不喜欢就是不喜欢，坚决不穿！"

照顾母亲久了，我也渐渐明白了，母亲的抗拒心理，主要源于对生活习惯被强制改变的不满。去托管机构也罢，贴防漏垫和穿康复内裤也罢，要求她放弃习以为常的生活，其实是在折磨她。

体验宇航员的感受

但是，就算理性能理解，那也不关感性的事。有个只会说“不要不要”的妈站在你面前，想保持冷静比登天还难。

“贴在身上这么难受的东西，你也穿一个试试呀！要我说这东西就不是给人穿的！”

“穿一个试试？只要我能穿就没问题了吧？只要我肯穿你就肯穿，是这个意思吧？”

见招拆招是好，但情绪失控也是事实。我当场脱下内裤，当着母亲的面把自己买回来的纸尿裤穿上了。

“怎么样，能穿吧？”

“居然就……那也不能……”母亲小声嘀咕着。

“我准备就这样穿一整天。儿子能做到的，当妈的不可能做不到吧？下次就轮到您穿了。”

当天，康复内裤始终套在我身上，并非完全因为一时冲动，也有好奇心的作用在里面。宇航员在进行舱外活动时，就会在太空服里面穿成人纸尿裤。因为舱外活动最长可达7个小时，穿上纸尿裤便解决了憋尿的后顾之忧。为了借此机会好好体会一下宇航员的感受，我特意在纸尿裤里“放了水”。近些年来，以儿童纸尿裤为代表的防漏尿产品由于使用了吸水性聚合物，吸收效果可谓滴水不漏。科技确实进步了，这是我的切身感受。

如果这样能令母亲接受康复内裤，问题就算漂亮地解决了，但既然母亲已经记不住事了，这天的事只能当没发生过。在母亲自愿穿上纸尿裤之前，几位陪护员的不懈努力仍然必不可少。

然而当你解决了一个问题，下一个问题就会接踵而至。母亲开始把用过的纸尿裤随手丢在我家后门门口。因为吸满了尿液，那味道自然不言而喻。以前用防漏垫时，母亲是丢在自己房间的垃圾桶里，但是纸尿裤的味道太大，母亲的房间容不下它。我在后门外放置了垃圾箱，并且嘱咐母亲丢去那里，母亲却嫌出门麻烦，自顾自地丢在门口。

没办法，每天早上丢掉躺在门口的纸尿裤成了我的事。问题是我家那条老狗。我们训练它在走廊里的垫子上小便，然后每天早上把垫子换新。家里如果只有狗的尿臊味还能忍受，或者只有尿不湿的味道也不至于忍无可忍，但当两者合二为一……处理完沾满狗尿的垫子，再处理吸满尿的纸尿裤，一个早晨就这样搭进去了。

一个人和一条狗的尿味混在一起，足以让整个早上的心情混浊不堪。

CHAPTER 12

第12章

母亲的去留，我决心已定

2015年6月29日，星期一，从这天起母亲的新生活开始了。

周一一天母亲在托管机构度过，周五上午去参加康复训练，其余几天的中午也有陪护员来家里帮忙。从4月弟弟申请照护保险，到实际取得“要照护1”的资格，再到重新建立起生活的框架，近3个月时间过去了。走到这一步，我终于感觉轻松些了。5月的康复训练开始以后，照顾母亲的重担从我身上一点点卸了下来。失禁的问题还没有着落，不过已经不需要我一个人扛了。

岂料，新生活刚开始就出了乱子，一个足以打乱现有生活状态的大乱子——母亲又跌倒了，准确地说，没人能证明母亲跌倒过，母亲自己也不记得。这就好像“在无人知晓的森林里积满了落叶，却无人可以断言那里确实有树叶落下”，但是从伤势判断，母亲无疑是跌倒了。

对老人来说，摔倒等于一劫。由于肌肉力量和反应速度下降，老年人在失去平衡时很难即时进行自我保护，结果便是容易受伤。加之骨质疏松的原因，骨折的概率很大，特别是腿部，骨折后老人很可能就此卧床不起。一如之前写到的，母亲曾在这一年的4月9日，在遛狗时不慎跌倒，磕掉了门牙的牙桥，脸上也擦破了皮。为了重做牙桥，整个5月都耗在牙医诊所里。这件事后我们都加倍小心。但即便如此，跌倒还是再次发生了。

6月28日周日那天，母亲一早起来便苦着脸，叫唤“左边的肩膀疼”。我问她怎么了，她说“不知道”，我就没拿它当回事。因为母亲时不时会喊腿疼，但是不去管它过一天也就好了。虽然这次疼的部位不一样，但应该也没什么大问题吧，我想。翌日29日，是母亲第一次正式接受日间托管，然而母亲的肩疼却没有好。

母亲说疼得不想去，我却怀疑她

面对这样的状况，我举棋不定了，甚至去征求来送母亲的K女士意见。不管怎么说，这天都是正式托管的第一天，这个节骨眼上若处理不当，母亲很可能就耍性子说不去了。虽然肩疼的问题让人在意，但眼下还是应该哄着母亲送她出门。于是，我和K女士还有来接母亲的工作人员，三人合力安抚了母亲，成功地让她迈出了接受正式托管的第一步。

不得不承认的是，我在当时曾怀疑母亲，因为不愿去托管才谎称自己肩疼。如果肩疼是假的，自己便有了理由，不惜代价也要把母亲送出门去，确保在托管的第一天实现平稳过渡。事后我做了自我检讨，母亲不是会撒那种谎的人，这一点我应该是最清楚的。

下午5点，母亲回来时肩上绑着固定器。“因为松浦女士一直说疼，今天就这样让她休息了。”送母亲回来的工作人员交代说。怪了，往常腿疼时可不是这样。

第二天早上，母亲迟迟没有起床。我去二楼叫她，发现母亲把自己裹在被子里，发出“嗯、嗯”的低吟。“该起床了。”我掀开被子，终于意识到大事不妙。母亲蜷缩在被子里，大小便均已失禁。看情形是因为疼得起不来床，所以去不了厕所。

紧接着，是手忙脚乱的一通折腾。我帮母亲换好衣服，处理掉床上的大便，再把脏了的睡衣和被单一起拿去清洗，用氯系漂白剂浸泡。之后给不停喊疼的母亲简单做了早饭，趁她吃饭的工夫叫了出租车，火速把母亲拉去了整形外科。

整形外科的大夫看过X光片后底气十足地说：“是脱臼了，整个掉出来了！”“啊！？”我听了大惊失色，万万没想到事情如此这般严重。

“上学的时候，我也曾在练柔道时肩膀脱臼，很疼的。知道您母亲是什么时候脱臼的吗？”

“不知道，但是从周日开始就说肩疼。”

“周日呀，已经有两天了。简单地说，脱臼是由于托住关节部位的肌肉撕裂，导致原本嵌套在一起的骨端脱位。为了让骨端归位，就需要配合肌肉的伤口把骨头推回去。所以，刚脱臼的时候最容易复位，但如果日子久了，断裂的肌肉开始愈合，想复位就难了。最严重的情况是要做手术的。两天的话……不好说呀，靠我一个人能不能行呢，只能试试了。”

几名护士凑过来，按住了躺在医疗床上的母亲。只见大夫抓住母亲的左胳膊，用力一拽。

“疼！疼！疼死了！”母亲大喊着，表情非常痛苦。

“嗯？嗯！”由于复位得不顺利，大夫拽了不止一次。

母亲一边挣扎一边喊疼。护士们一边按住母亲一边安慰她：“加油，再忍耐一下！”直到大夫累得开始喘气，母亲的肩膀也没有回位。

“不行啊……光靠我一个人太困难了，必须几个人合力才有可能。我这就写介绍信，赶快去综合医院吧！”

我们拿着介绍信，再次乘出租车赶往综合医院。这边的整形外科已经接到了上一位大夫的电话，母亲很快被带进了治疗室。我被告知“家属请在走廊里等候”，便在走廊的沙发上坐下了，可是……

漫画里常用放射状的锯齿线来表现从画面外传来的惨叫。在我听来，母亲无法形成语言的惨叫声便像这样传到了走廊里。那声音在短暂的间隔后一次次回响在耳边，我便知道复位的困难非同一般。要是这样也治不好，变成手术就更受罪了——想到这里，叫声突然不再有了，母亲从治疗室里走了出来。

“我们3个大夫一起上，总算让它复位了。手臂需要用固定器固定两周，这期间不要活动肩部。虽然复位了，但这段时间仍然容易脱臼，一定要小心。”

这下我终于放心了，但同时我想：母亲长久以来的生活方式，必须彻底改变才行。

令人伤感的“到肩膀治好为止”

在医院里等候结账时，我在电话里向照护经理人T先生说明了情况。“我能想到的，就是半夜起来上厕所时跌倒了。因为扶地姿势的问题，导致左肩脱臼，只是她自己不记得。”

T先生迅速给出了对策。“明白了，我马上联系护理床具的出租人，让他们送一张过来。今晚就要用到吧？”

结束通话时，我的决心已定。

导致母亲跌倒的最大隐患，恐怕是上下楼梯。因为阿尔茨海默病的关系，母亲不记得跌倒的事，结果延误了治疗时机。同样的事不能重演。迄今为止母亲都是住在二楼她自己的房间里，但是不能再这样下去了，可以考虑把母亲的生活空间转移到一楼的接待室。就这样吧，尽快以接待室为中心，为母亲打造出一片适宜居住的环境。

接待室在父亲生前曾作为书房使用，父亲去世后便一直空着。当天下午护理床送到以后，我把床直接搬到那屋里。床的两侧装着防护栏，靠背可以靠电动升降。考虑到失禁的问题，床上铺着专用的防水床单。“从今天起就睡在这上面吧。”我对母亲说。“在肩膀治好以前只能将就一下了。”母亲嘟囔着。

并不是只到肩膀治好为止呀，你已经不会再回去二楼的房间了，从今往后都要生活在这间接待室里了。我在心里想。

衰老这件事，取其任何一面，都呈现出不可逆的趋势。但在平时，我们却少有机会正视这一点。只在脱臼和启用护理床具这种大事件发生时，才真正意识到时间一去不返，并感叹生命无常。这栋房子是我上初中时父亲建造的，40年来，母亲始终住在二楼的那间屋里。屋里的家具是她自己选的，摆设的小物件也都是她喜欢的。而在今天，这种生活将落下帷幕，母亲不会再住回那间屋了。

虽然不是什么大事，但关于一段生活的记忆将就此消失。

虽然伤感，但每天早晨仍然要从处理床上的便尿开始，而在我心里，“打算在这个家里照顾母亲到何时”的想法，也逐渐变得清晰起来。只要母亲还能控制排便，无论如何都要在家里照顾母亲。小便的问题，只要适应了防漏垫，母亲自己就能解决。但如果大便也开始失禁，靠我一个人照顾到底力不从心。在那之前都让母亲住在家里，等到排便无法如愿的时候，就为母亲找个能安身的地方吧。

是否能靠自己的意志控制排便，这象征着一个人最基本的尊严。以脱臼风波为契机，我开始把母亲维持住自己尊严的能力，视为在家里继续照顾母亲的底线。

CHAPTER 13

第13章

不幸言中的悲哀、和母亲一起包饺子

托管第一天就遭遇了肩膀脱臼这样的飞来横祸，以此为契机，母亲的生活据点从二楼转移到了一楼。

失禁的问题依然存在，不过在陪护员们的引导下（照护领域里从不说“劝服”，而是“引导”患者靠自己的意愿前进），母亲即使不情愿也开始主动使用防漏垫。再加上工作日中午有陪护员上门服务，做饭的事也不再需要我来操心。2015年7月，以照护保险为后盾的照护框架，终于正式步入正轨。从2014年7月发现端倪算起，整整耗费了一年时间。在这条节节败退的照护战线上，我终于得以稳住阵脚。

写到这里，我想总结一下在为母亲做饭的问题上遇到的种种困难，以及这些困难是怎样被克服的。虽然不能保证我的做法从照护和营养的角度出发都一定正确，不过，身为一个老大不小的独身男人，在照顾母亲吃饭的问题上吸取的经验教训，或许多少也能为他人所用吧。

2015年年初，母亲彻底不会做饭了，一日三餐的问题就此落在了我肩上。然而我做的饭菜总是不能令母亲满意，这让我觉得很对不起母亲。但是换个角度讲，吃饭并不只是为了开心，同时也是为了身体健康。因此在关注味道的同时，我也有责任确保母亲的饮食搭配得当。

平衡膳食的原则是“蔬菜每天 350 克”

最初的想法，是找到一种健康饮食的原则，然后严格执行下去。说是原则，其实不需要多考究，能达到“维持健康”的目的就行了。但我毕竟不是营养学家，自己琢磨终归能力有限。何况就算考虑得太复杂，能否坚持下去也是问题。思来想去，我把原则简化成了一条——“每天食用350克以上在新鲜状态下称量的蔬菜”，这是厚生劳动省发布的国民营养摄入标准。就是要抓住一个最普通、看似最有效的方案。

我在网上看了一圈，“一天350克怎么可能做到”，这样的评论随处可见。至于是否当真不可行，我决定亲自给蔬菜称重之后再作评论。但是话说回来，蔬菜不是工业产品，同一个品种也会有大有小。我的做法是以50克为单位，对重量进行估算。普通西红柿，每个100克左右；两片生菜叶，40克至50克；青椒，每个大约50克；胡萝卜，每根100克至200克；菠菜，一捆200克左右；洋葱，每颗100克至300克……

接下来，便是考虑如何将蔬菜安排在早餐里。之所以拿早餐开刀，是因为父亲始终秉承“早餐是一天的活力之源，必须吃好”的观点，受其影响，母亲也养成了做好早餐、吃好早餐的习惯。如果在早餐中加入足够多的蔬菜，中午和晚上就算吃得不那么一板一眼，也能轻松达成350克的目标。而且关键在于，即使把早餐模板化，母亲也不会有太多怨言。

半个西红柿50克，一片生菜叶20克，做成沙拉，偶尔加入过水的洋葱丝和水煮西蓝花，仅这些蔬菜就凑够了约100克。再做一道青椒丝炒细切培根，搭配荷包蛋，这又多了50克。还有天然干酪搭配火腿香肠、一定要抹黄油或芝士酱的半片吐司、少不了牛奶做伴侣的红茶，以及当季的水果和酸奶。

以上述菜谱为基础，再逐渐变换花样，让母亲不至于吃腻。例如，把荷包蛋换成蛋包饭，馅料是韭菜，或是由马铃薯、洋葱、培根炒成德国风味的炒马铃薯；或干脆只吃白水煮蛋。老年人容易脱水，补水问题同样不容忽视。母亲一直有喝茶的习惯，所以我会为她准备一大瓶乌龙茶，早晚各一瓶，供她随时饮用。母亲不只白天喝，起夜上厕所时似乎也要喝一些。

午饭尽量从简。一碗米饭，上面放些香烤鱼干和白萝卜泥。菠菜焯一下，撒上鲣鱼干，再配上一小包纳豆。炒荞麦面也是我们常吃的，用和面条同等重量的卷心菜和胡萝卜丝去炒，就不怕吃菜少了。如果是吃乌冬面和荞麦面，就用焯菠菜做菜码。晚饭一定要有一道肉菜，或者吃鱼，为的是补充蛋白质。至于食用油，我只使用母亲容易接受的橄榄油和芝麻油。就算各种油在厨房里一字排开，以我的水平也无法运用自如。

另外，我并不打算刻意控制食物中的脂肪含量。减少脂肪摄入虽然可以防止胆固醇在血管中沉积，但是母亲已经80多岁了，相比胆固醇，我更在意的是能否满足母亲的食欲、让她吃得开心（当然也是为了掩盖我不甚理想的料理技艺）。

为了图省事，我没少使用市面上的料理包，回锅肉、干烧虾仁、麻婆豆腐，等等。照烧和奶油焗的鱼料理方便好做，我们常吃。还有秋刀鱼，当季的时候一周要烤上好几次。另外从多吃蔬菜的角度上讲，蔬菜鸡肉汤锅是我家的常备菜。油炸食品因为善后费事，我从不在家里折腾，想吃了就买现成的回来，比如车站旁的软炸里脊和商场里的珍宝炸鸡。

综上所述，在吃饭这件事上，我已经尽我所能，力求做到最好了，至于从营养学角度出发有几分是正确的，我自己也没把握。就这样一连做了几个月，2015年4月，由于各种压力叠加在一起，我突然感觉自己做不下去了。

送餐服务的味道如何？

在向地域总括支援中心咨询照护保险的过程中，我了解到有许多商家在向老年人提供送餐服务，而且不论哪家都强调自己是“健康饮食”。几个菜凑在一起的税前价格是600日元左右，附带米饭的话就再贵一点儿。于我而言自然是没有不去尝试的理由。至于对味道一向挑剔的母亲能否接受，我有点心虚。我把配送范围内的商家罗列出来，每两天换一家，每天利用中、晚两顿饭，和母亲一起试吃。

至于结论嘛……是全军覆没了，没有一家符合期待的。

“我可吃不了这种东西。”母亲直接给送餐服务判了死刑。

各家的味道虽然各有不同，但是又让人觉得大同小异。如果让我说，就是图书馆这些机构里附属食堂的味道。

为什么家家都是一个味呢？据我推测，是这样：600日元的一顿饭，原料价格应该不足200日元。再加上集中料理的成本和配送成本，想盈利几乎是不可能的。那么到底是在哪里节约了成本呢？恐怕是调味料。盐、酱油、味噌、沙司、醋、味淋（日式调味料）、料酒，想必就是在这里省了钱，才保住了小本生意。然而饭菜的味道在很大程度是由调料决定的。正因为我做饭很烂，才可以很负责任地告诉大家，食材和烹饪技术的不尽如人意，多少可以靠优质的调味料扳回一城。

但是，“把成本花在调味料上以求好味”的做法恐怕并不现实。按每天两顿饭1200日元计算，一个月便是3.6万日元，超出这个数字的话，对于靠养老金生活的老年人来说是吃不消的。其实使用廉价调料同样可以做出好吃的“感觉”，方法就是把口味调重。价格低廉的排档和垃圾食品大抵是这个路数。但是面向老年人“打健康牌”的送餐服务，却无法如法炮制。

既然母亲明确表示“不要”，我也只好打消了依靠送餐服务的念头。结果能让母亲接受的，只有老字号便当店里1200日元一顿的晚膳外卖，也就是2014年12月我去种子岛取材时利用过的送餐服务。价格虽然贵了一倍，母亲肯吃就是谢天谢地，好几次晚上必须出门的时候，我都是仰仗于他家的晚膳外卖。

自从2015年7月，陪护员开始来家里做午饭，我的担子轻多了。严格来讲，陪护员的职责是为被照护者料理饭菜，我这个家属的吃饭问题则是分外的事。不过，我和母亲既然在一口锅里吃饭，饭最后是被谁吃的其实没人知道。我在家工作时，午饭向来是随着母亲吃的。

请不要指责我不守规矩，而是要把它视作“活人化解死规则的范例”。我和母亲生活在同一屋檐下，如果每次陪护员做饭都要分餐，家庭关系就该出问题了。规则若是没有一点融通的余地，社会也将无法正常运转。

说到制作料理的功力，几位陪护员在调味上可谓各有所长。K女士的料理清新淡雅，W女士属于样样精通，S女士则偏好浓郁的口感。母亲自幼受重口味饮食文化的熏陶，唯独吃不惯K女士的清淡口味。其实K女士的手艺不仅不差，还相当不错，加之不好当着她本人的面表示不满，母亲每次都会好好把饭吃完。每天的早晚两顿，以及周日全天的饭，照旧是由我来做。周日中午那顿我一定只做即食食品，譬如煮一锅冷冻面条，以这种方式积极地忙里偷闲。

充满回忆的饺子道出了母亲的衰退

我家时常会做一种特殊的料理。父亲是在中国东北地区长大的，因此奶奶在中国学会的饺子是我家的传统菜肴。这种饺子的馅儿里没有卷心菜，只放白菜和韭菜，还会使用大量的蒜泥和姜末。

每到换季的时候，或是弟弟妹妹回来了，家里都会吃饺子。我负责和馅儿，然后和母亲一起包。包饺子需要用到指尖，正好可以观察阿尔茨海默病的进展情况。

令人难过的是，我的担忧在包饺子的过程中屡屡应验。当初那个动作娴熟的母亲，进入2016年后手上就开始“打磕巴”了。同年晚秋一起包饺子时，母亲干脆说“包不了了，你全包了吧”，便彻底撒手不管了。

CHAPTER 14
第14章

新生活步入正轨，病情却……

脱臼风波过后，母亲的生活变化很大。起居空间从原先二楼的房间转移到了一楼的接待室，床铺也随之换成了护理床。以周为单位的日程安排大致如下：周一接受日间托管，母亲从早上9点到下午5点都在外面，这段时间算是我终于收复的失地；周二至周四以及周六，中午有陪护员来家里做饭，顺带做一些家务，我因此得以从午饭的家务中解脱出来；周五上午半天，母亲去参加以康复训练为主的日间托管；周日和以前一样，全天由我照料。

始终没变的是我们每天都带老狗散步，这件事必不可少。自从4月母亲在遛狗途中磕掉了牙桥，我也加入了散步队伍。周一和周五是在母亲回家以后，其他几天是在用过早餐以后。“去散步吧！”我这样招呼母亲，然后把老狗和她一起领出家门。狗绳让母亲牵着，我自己则拿着装狗粪便的袋子跟在后面，1000米左右的路程，会走上四五十分钟。散步有助于保持体力，但更重要的是，遛狗是母亲长年以来的习惯，我不想让它中止。

随着上述日程安排的确立，可以说，母亲的照护生活终于步入了正轨。相比此前一切由我负担，这样已经轻松多了。像外出取材这种以前不可能实现的工作，如今也成了可能。而且只要安排好外卖的晚膳，连晚归都是有可能的。

与此同时，我开始尝试利用短期停留，让母亲在机构里过夜。和以往一样，母亲开始时一点也不配合。不过此时的我已不是孤军奋战，有专门负责送母亲出门的陪护员站在我这一边。在经验丰富的K女士和W女士的协助下，慢慢地母亲可以在机构里小住几天了。我也终于可以连续几天出外办公。

进入8月后，日间托管出现了空余名额，于是每逢周三母亲也会在机构里度过一整天。于我而言这是个天大的喜讯。

生活若是能这样继续下去就好了……然而阿尔茨海默病的可怕之处就在于，其症状会与通常的衰老达成共识，携起手来向前迈进。你以为防御工事已万无一失，结果不出数月便有了失守的迹象。于是且战且退，直到重新筑起更为坚实的屏障。除此以外别无选择。

小便失禁、食欲异常、排便失败

熬过了2015年夏天，进入10月后，7月时搭建的防御工事已然出现了失守的迹象。母亲的失禁量突然变大了。

单靠防漏垫已经来不及吸收，不得不让母亲全天穿着康复内裤。一如第11章中写到的，在陪护员们的帮助下，这一状况最终得到了解决，但是……

紧接着又出现了过食，也就是食欲异常的问题。某天傍晚我回到家，发现厨房里一片狼藉，状况之混乱不堪入目。家里储存的冷冻食品被纷纷开了封，丢得到处都是，而且均已化冻。灶台上放着盛满水的平底锅，里面是一锅泡了水的速冻饺子。因为年初时母亲就不会做饭了，为了安全起见煤气阀门时常是关着的，烤面包机的插头也没有接上，所以才不至于搞出失火这种大乱子。我气不打一处来地去质问母亲。

“你到底想干什么呀？把厨房搞成这样！”

母亲却说：“谁让你不在家呢，我饿得发慌，只好自己做了。”“我马上给你做！”这件事在当时就这样不了了之了，但在那之后，同样的事又反复了好几次。这让我不禁想起了陪护员们曾经的叮嘱：“你母亲将来可能会有过食的问题，你一定要留心观察。”原来是时候到了！

阿尔茨海默病的食欲异常，是由于脑萎缩影响到饱腹中枢引起的。在难以察觉到饱腹感的情况下又对“已经吃过”的事实没有印象，结果便是无止境地进食。母亲在吃过饭后来到厨房，想做饭却发现自己已丧失烹饪能力，只好在厨房里乱翻一气。这种时候若是找到了面包和米饭一类可以直接食用的东西，就会像饿急了一样一股脑儿都吃光。若放任不管将会导致健康失衡、排便紊乱，以及由此造成的厕所清洁问题。

家喻户晓的“爷爷，不是已经吃过饭了吗”的笑话，出处就是这里。只是现实版的故事并非那种不着急不着慌的事，亲眼见过后更是令人哑然失笑。老人将电饭煲抱在怀里，手握饭勺，不知饱饿地大口大口往嘴里送饭的样子，简直就是画中描绘的饿鬼，看了只会让人觉得悲凉——当初陪护员们和我说起这事时，我还应和说“要是我母亲也变成那样就太可怕了”，谁承想如今症状已经显现出来。令人欣慰的是，母亲的过食并非天天发生，只是偶有发生。但即便如此，对厨房的管理仍然容不得半点马虎。

哪怕已经养成习惯，用过灶台后我一定会检查煤气阀拧紧了没有。烤面包机只要不再使用就拔掉电源，收到柜子的最上层。米饭焖好以后也不再使用电饭煲的保温功能，而是迅速分成小份，用保鲜膜封好放入冰箱冷冻。原本放在橱柜里的面包会被套上不透明的塑料袋，放进冰箱的冷冻室保存。但就算小心到这个地步，创造出了无法随意进食的环境，母亲仍然会把冰箱里的东西翻出来，尝试自己做饭，放弃了就丢在一边，这种事仍然时有发生。我听说冰箱可以上锁，就从网上买了一副回来，却发现在我家的冰箱上并不适用。

排便异常，以及由此产生的厕所清洁问题也开始频繁发生。大多数时候只是大便沾在了坐便器和地板上，尽快擦掉就可以了。但偶尔会有稀便沾在脚垫上，于是又是冲洗，又是用氯系漂白剂浸泡，又是用洗衣机洗，相当费时费力。而且一旦出现严重的大便失禁，就有必要去检查母亲的衣服，脏了还要替她更换。时间长了，精神压力会很大。

有一次，等我发现时厕所已经堵了，马桶里满是混着大便的污水。起因是防漏垫掉进了马桶里。母亲似乎曾尝试自己疏通，但不知是出于何种考虑，大量的卫生纸和防漏垫被冲进马桶，结果便是堵塞一发不可收拾。

我去超市买了橡皮搋，先徒手从污水里掏出防漏垫，再用搋子疏通。整件事搞得我头昏脑涨。为什么非得做这种事不可呢？我反问自己。自己到底是做了什么亏心事，才不得不受母亲的这种折磨呢？我知道，冲母亲说什么都没用，发火也没意义，今后也还是会有无处发泄的怒火和徒劳感不断积在心里。

从更换主治医师，到晋级“要照护 3”

进入11月后，我找到照护经理人T先生，问他能否将母亲的照护认定从“要照护1”提升至“要照护2”。根据照护保险制度，认定级别决定了每月可以使用的点数是多少。“要照护”级别从1到2，从2到3，症状越严重，认定级别越高，可以使用的点数就越多，也就可以更多地使用各种照护服务。随着母亲阿尔茨海默病的加重，我是想通过引入更多的照护服务，让已经开始失守的照护战线重整旗鼓。

通常来说，重新审核的机会每年只有一次，不过在病情明显加重的情况下，可由照护者主动提出再审核的申请。流程本身与当初无异。提交附有主治医师推荐信的申请书，接受相关机构的上门调查，之后在每月召开一次的审核会议上决定提案是否通过。“既然情况是这样，不管结果如何，先试试再说。”在T先生的支持下，我于11月提交了申请，一个月后得到的结果却是“维持原判”。我因此怅然若失。就在这时，T先生提出了我连做梦都想不到的建议。

“要不要换一位主治医师呢？”

但是为什么？

“审核制度本身虽然没有通融的余地，不过作为一个现实性问题，要照护级别的判定会受到各种因素的影响。考虑到您母亲的情况，不如索性换一位主治医师，然后重新提交申请，说不定这次就通过了。再审核的申请，提交多少次都没关系。”

这个方案或许值得一试，我想。原因之一是自2月以来，担任主治医师的A大夫，此时开始兼任综合医院院长的职务，工作之繁忙从他看诊时的样子就可见一斑。由于推荐信是封好以后交给我的，里面的内容无从得知，不过从对方的工作状态来看，母亲的病情或许并未得到详细记述。母亲每月一次的看诊我已经旁听了十余次，按我个人的理解，（A大夫）给阿尔茨海默病患者看病的方式，就是“看一看患者状态如何，调整一下药量”。母亲由于未出现药副作用，看诊就是和医生说说话，医生借此对母亲的精神状态有个了解，连调整药量的环节都省了。母亲的情况其实不需要用到综合医院独有的医疗设备，说到在综合医院就诊的意义，只剩下有可能得到新药临床试验的机会，然而这个机会已经与母亲失之交臂。既然如此，放弃综合医院，换一家距离更近、就诊更方便的普通医院也不要紧吧。

“您觉得在车站附近那家医院的H大夫怎么样？那里离家近，去着方便，而且H大夫对待患者一向如家人一样。”T先生提议说。哪家医院有哪些医师、医师的性格如何、在从事怎样的医疗工作，照护经理人对这些日常工作中获得的情报可谓如数家珍。既然如此，这里就应该遵从T先生的建议。至于更换主治医师的流程，先由原主治医师填写交接文件，再由患者将文件递交给新任主治医师即可。

就这样，从2015年12月起，我带着母亲转而投奔H大夫。H大夫长着一张圆脸，性格温厚，说话直爽，第一次见面开口便说："之前是由A大夫负责啊！ A大夫的确是位名医，不过最近他应该忙得不可开交吧！"在看过交接文件后H大夫继续说道："嗯……果然写得不是很详细呢，大概是因为太忙了吧！"由此看来，就像T先生说的，照护认定维持原判的原因，恐怕就在于A大夫的推荐信了——想到这里，我心中充满了希望。H大夫巧妙运用沟通技巧，化解了母亲对新环境的戒心，在应用长谷川痴呆量表对母亲进行测试后，他对我说："您母亲的情况我大致了解了，推荐信就请交给我吧！""拜托您了！"我郑重地低下了头。

拿着H大夫的推荐信，我重新提交了申请。得到通知是在转过年的2月中旬，认定结果为"要照护3"。跳过"要照护2"直接晋级为"要照护3"的理由，恐怕是因为已经出现了排泄障碍。"要照护2"与"要照护3"的差异就在于，在包括排泄的日常生活行为方面，一个是"部分需要照护（'要照护2'）"，一个是"全面需要照护（'要照护3'）"。不管怎样，这都是个天大的好消息。这样一来就有办法重整旗鼓了。

收到认定结果时，我正在考虑对我们居住的房子进行改造。自从把母亲的房间从二楼转移到了一楼的接待室，我开始意识到这所老房子作为母亲安度晚年的场所，存在太多的不便之处。

CHAPTER 15

第15章

为方便老人改造房屋，有必要吗？

我和母亲居住的房子，是亡父于1975年建造的，房龄已超过40年。

1981年修改后的建筑法规定，此后的新建房屋必须通过严格的抗震标准审查。我家房子是早于建筑法的“上古”建筑，但房子本身建得相当牢靠。当时恰逢“第二次关东大地震即将来临”的传言满城风雨，父亲不厌其烦地要求他雇佣的施工队“把房子盖结实点儿”，而且几乎每周去工地巡视。但是，2015年的夏天母亲由二楼搬至一楼以后，我逐渐意识到了一位阿尔茨海默病老人居住在40年老宅里的种种不便。

最先发觉的问题，是房子的隔热性差。特别是安置了护理床的接待室，夏热，冬寒。夏天开着空调依然汗流浃背，到了冬天寒气就顺着地板侵袭。接待室里其实没有空调，全靠隔壁起居室的空调一拖二。没装空调也是因为接待室原本无人使用，再有就是母亲不喜欢空调，也很少开空调。只靠那一台空调带动就足矣了吧，我想。然而在夏季的太阳落山以前，接待室里酷热难耐。

隔热性差的原因一目了然。过去父亲把接待室当书房使用时，在地板下面埋了坐地式暖炉。暖炉周围永远堆砌着资料，父亲就坐在那当中写稿子（我父亲曾是一名报刊记者，后来转型成为农业经济学家）。父亲死后，暖炉无人使用，一直被遗弃在原处。所谓的坐地式暖炉，就是在地板上挖个洞，把暖炉埋进去。由于地板与土地之间仅仅隔着暖炉薄薄的一层外壳，隔热性几乎是零（房子因为建造于建筑法修改以前，地基并未完全采用混凝土结构，地板下面就是土地）。其实早在母亲发病的许多年前，家里曾进行过增强隔热性的改造，起居室便是强化过的。但接待室由于无人使用，当时并未参与施工。白天时，母亲主要在起居室看电视，所以会把起居室与接待室之间的门关上，让冷气集中在起居室里，等傍晚气温下降了，再打开门让接待室跟着一起降温。2015年夏天便是这样熬过来的。

为空调供电搭设专线

我和母亲居住的地方靠海，1975年那会儿，就算夏天没有空调，家里同样凉爽宜人。因此当时对房屋的设计，并未考虑到安装空调的需求。而后随着气候变暖，准备加装空调时，也没有从分电盘引出独立的线路，而是把空调电源直接接在了既有的插座上。

所谓分电盘，是把引入家中的电力，分割成复数组线路的装置。例如，以房间或楼层为单位，将总电力分割供应。同时，分电盘也是一种具有跳闸功能的安全装置，能防止电流过载、电器漏电，并为各条线路提供独立的分闸。不过，对大多数人来说，分电盘或许只是那个“用电过量时会自动跳闸”的玩意儿。空调由于耗电量大，出于安全考虑，其线路原则上是要从房间已有的线路中独立出来，直接从分电盘架设专属线路。在过去，使用照明线路为空调供电的做法确实存在，不过现今的家电行业已有不成文规定，安装空调时一定会从分电盘引出专属线路。

自从母亲搬到一楼以后，起居室的空调开得比以前勤了。因为和厨房共用一条线路，有时在开空调时用了微波炉，电闸跳过很多次。同一条线路还承载着冰箱的负荷，会跳闸也是没办法的事。

往年冬天，起居室里都是靠煤油暖风机取暖。但如今母亲的腿脚越来越叫人不放心，暖风机就不能放在她的活动空间里了。万一她不慎跌倒，碰倒了暖风机，最糟的结局便是火灾。因此取暖也有必要通过空调。但是这样一来，厨房里的微波炉、烤面包机、电水壶就不能和空调同时使用，非常不方便。何况家里的分电盘是20年前改造时更换的东西，已相当老旧，而新型的分电盘不仅能在遭遇强震时自动跳闸，安全性能也有所提升。是时候把整栋房子的电线重新规划、重新铺设了。

2015年晚秋，我开始认真考虑房子的改造问题。

不知母亲还能再住多久

但是，考虑到母亲已被确诊为阿尔茨海默病，症状又在不断加重，不论房子改造得如何，母亲能住多久都是个问题。我的想法是，尽量让母亲住得舒适，同时把成本控制到最低——沿着这个方向，我对这次改造的着手点和力度进行了规划。预算充裕的话，我其实有很多设想。譬如消除地面的高低差，减少跌倒的危险；将全屋的窗户换成双层玻璃，增强房屋的隔热性；为过冬做打算，在卫生间、洗浴间和更衣间里增设暖气。但是，由于无法预计今后会有怎样的紧急开支，花钱还是不能太随意。最终，我决定将改造范围缩小到以母亲最常利用的起居室和接待室为中心，仅改造电力系统和隔热性能。

具体方案如下：拆除接待室的坐地式暖炉，在地板下方填充隔热材料；可能影响到接待室保暖的窗户，尽量换成双层玻璃；把分电盘换新，向有空调的房间引入专用线路。考虑到将来更换空调的需要，着重将起居室的空调线路改为200伏（家用空调目前分为100伏和200伏两种规格，大匹力空调均为200伏）。厨房的照明线路也改为200伏，以便今后将煤气灶升级为电磁灶。

起居室的吊顶也决定换新。40年前建造时由于施工方的失误，吊顶使用了石棉做的防火板。父亲得知后勃然大怒："和你们强调了多少次不要用石棉！"但是装修已经完工了，结果一用就是40年。因为是经树脂固化加工的，这种石棉板通常不会有粉尘飘落，但是保不齐会在大地震时裂开掉粉。怕它裂开，也是因为当年在安装顶灯时，灯具是直接用螺丝固定在吊顶上的。这次我考虑到石棉板已损伤严重，索性重新做了吊顶。

我把这次改造的工程交给了一家熟悉的工务店，工期就定在2016年的2月至3月。改造费用约130万日元，其中30万日元出自母亲的养老金，这部分钱是存折交给我管理后努力省出来的；其余那100万日元，我提前取出了母亲的一部分定期存款，取款时必须由母亲本人签字。我和她解释说："为了让家里更漂亮，需要使用定期存款。"于是母亲说："没错，得漂漂亮亮的才行。住起来会更舒服吗？"

"会的，我已经拜托了工务店，让他们把房子改造得更方便居住。"

"说得也是，人死了钱又带不走，还是应该趁活着，让钱也活起来。"

母亲二话不说签了字。母亲一向勤俭持家，但是遇到该花钱的时候，也绝不心疼。这种性格在患上阿尔茨海默病后依然没变。

施工分三次进行，总共大约两周时间。开始施工了，我就把母亲送去"短期停留"。这样一来在2月天寒地冻的时候，母亲就可以暖暖和和地在机构里度过。

拆下起居室的吊顶后，房屋的骨架裸露出来。看到屋顶上格外粗壮的木材，以及多处采用的斜向加固结构，我能感受到建造时父亲给予这栋房子的深厚感情。

正在改造工程进行得如火如荼的时候，相关机构寄来了"要照护3"的认定通知。有了H大夫这位新的主治医师，以及改造后更易居住的自家老宅，2016年里，母亲将在"要照护3”带来的全新照护框架下展开新的生活。

衰老后的居住环境应早做打算

即使完成了改造，这栋老宅对阿尔茨海默病老人来说，仍然算不上一个绝对舒适的场所。地面上存在高低差，厕所和浴室的保暖效果也不足以抵抗冬季的严寒。不过，改造以后好歹让起居室和接待室这两处母亲最常待的地方，在夏、冬两季都能保持在一个怡人的温度。2016年入夏后，即使不去刻意在使用微波炉时关掉空调，或是在白天把起居室和接待室隔开，让起居室单独制冷，母亲的生活依然舒适惬意。

想必有不少人愿意为老年生活舒适而改造住宅。

我很想谈一谈自己的经验供大家参考，可惜能分享的又实在太少。

“若想久居，行动应尽早”，说起来就只有这一点吧。

如果准备在现在的房子里一直住下去，那么提高预算、进行彻底的改造肯定是值得的。消除地面的高低差、在地板和天花板的内侧添加隔热材料、更换双层玻璃增强隔热和隔音效果、铺设地暖使浴室和卫生间在冬季也能保持一定的室温，诸如这样的改善都将带来实际性的回报。考虑到病人将来失禁的可能，可以提前为护理床预留出空间，并对周围的地面做好防水处理。或者，如果对现在的住处并不留恋，打算搬去户型更适合老年人的新家，也是一条路。我家的情况是，因为母亲执着于“这是你爸爸盖的房子”，我才铁了心地和它死缠烂打。但是话说回来，与其迁就这栋老宅小打小闹的小修小补，我本人更倾向于搬去专门的养老住处。

何况在乔迁新居的过程中，自然而然地会舍弃一部分家当。

对于对抗衰老和阿尔茨海默病来说，这种方式虽然消极，却是一种行之有效的对策。

从我以往对祖父母和父母的观察来看，人一旦上了年纪，即使没有阿尔茨海默病，家务也会渐渐被当成麻烦事。首当其冲的便是修整庭院，院子里开始无人管理，杂草丛生。其次是打扫卫生，房间里变得永远七零八乱、积满灰尘。除了搬去没有院子的公寓里住，没别的办法。

至于扫除和房间的清洁问题，如今已经有扫地机可以代劳。但是，若想扫地机用得顺手，前提是房间里不能堆放太多东西。所以搬家仍然是不二的选择。另外，就是必须趁自己年老之前、患上阿尔茨海默病之前，熟练掌握扫地机的使用方法。进一步说，在自己和父母衰老以前、患上阿尔茨海默病以前，尽可能做好万全的准备，这种积极应对的态度在改善居住环境这件事上同样至关重要，一如在阿尔茨海默病发作以前，有预见性地去地域总括支援中心寻求建议。

话说回来，我家在房屋改造上投入的这些钱，到底值不值得呢？

就结果来说，母亲在改造好的家里满打满算也只住了10个月。

或许犯不上花钱吧。对于我的这种想法，妹妹做了一句话的总结式发言。

“不管怎么说，妈妈都有一个夏天是守着这栋房子，过得舒舒服服的。这才是什么也换不来的，怎样都值了。”

CHAPTER 16

第16章

病情加重了，拿脾气暴躁的母亲如何是好

2015年12月，主治医师由综合医院的A大夫换成开业医生H大夫后，第一次就诊那天，母亲不留情面地顶撞了H大夫。

“我好得很！根本没必要来这种地方！”

“你怎么能问我这种问题呢？不关你的事吧！”

当时H大夫正在用阿尔茨海默病量表对母亲进行测试，母亲却甩下一句“没那个必要”，拒绝回答问题。虽然在H大夫巧妙的引导下母亲最终配合了，但是我仍然觉得不可思议，母亲为何要较劲到这个份儿上呢？的确，母亲从来不承认、也不愿承认自己患上了阿尔茨海默病，但是像这样和大夫“杠起来了”，这还是头一次。

起初，我以为是环境的改变激发了母亲的抗拒心理，只是我没想到，那其实也是阿尔茨海默病的症状之一——性格随病情一点点变化，变得越发易怒了。母亲每个月去H大夫那里就诊一次，1月、2月连续两次在就诊时执意唱反调，拒绝接受认识障碍量表的测试。而且生活中一些芝麻大的小事也会让母亲大动肝火，对我不依不饶。

每逢托管的日子，早上都会有陪护员来家里帮母亲做出门的准备。以前，只要陪护员催一句“咱们走吧”，母亲向来可以顺顺当当地出门，但是从1月开始，说“不想去”、坐在家里不动弹的时候多了起来。

2016年3月，取得“要照护3”后的第一次就诊时，我把母亲的情况描述给了H大夫。H大夫想了想，说：“加药吧！”

“有一种叫易倍申的药，对病情发展到一定程度的阿尔茨海默病患者有效果。这种药可以和正在服用的安理申同时吃，而且有镇定作用，吃了以后也许能让她不那么容易生气。”

说实话，“镇定作用”这四个字让我感觉有些不适。我是不希望母亲变得恍恍惚惚，大白天就一副昏昏欲睡的样子的。再有就是“对病情发展到一定程度的阿尔茨海默病患者有效果”，这句话说得我心里一颤。母亲的病已经相当严重了？我有点接受不了阿尔茨海默病正在恶化的事实。但是，肯定不能因此错过了服药时机，令母亲的生活质量大不如前。就这样，在服用安理申的基础上，又给母亲加了易倍申这种药。

易倍申是第一三共株式会社于2011年6月推出的一种较新的，针对阿尔茨海默病的对症药物。该药物含有名为盐酸美金刚的有效成分，能够降低大脑内谷氨酸的影响力。阿尔茨海默病进入中期以后，大脑内谷氨酸的浓度将有所上升，而谷氨酸是能够引起兴奋的神经传递物质。换句话说，脑内谷氨酸的浓度上升会导致神经细胞的无故兴奋。兴奋的神经细胞又会产生多余的电信号，导致大脑精神活动原有的电信号受到干扰。而盐酸美金刚能够阻碍谷氨酸对神经细胞的作用，服用后可以消除神经细胞的异常兴奋，从而减轻由此导致的记忆障碍、易怒和四处徘徊等症状。

至少对母亲来说，吃药管用

从患者的角度来看，易倍申最大的特点便是能够与安理申同时服用。安理申的有效成分盐酸多奈哌齐，能够减缓脑内神经传递物质乙酰胆碱的分解，从而变相增加乙酰胆碱在大脑中的含量。由于阿尔茨海默病会导致脑内乙酰胆碱的减少，减缓分解便是起到了维持的作用。另外，易倍申可以抑制浓度过高的谷氨酸对神经细胞的影响。两种药物由于药理机制和作用对象的神经传递物质均不相同，因此可以同时服用。对于进入阿尔茨海默病中期的患者来说，同时服用安理申和易倍申似乎已成为一种固定的服药模式。由于这两种药都是直接对大脑产生作用，我担心母亲同时服用后会出现药副作用。不过从实际服用的情况来看，易倍申是有效的，服用后易怒的问题迅速得到了改善，也没有出现此前担心的药副作用。

2016年2月取得“要照护3”的认定以后，每个月可以使用的照护保险的点数较之先前有所增加，如此一来可以利用的服务项目也将随之增多吧，但其实不然。一旦涉及老年人的照护问题，不论哪家机构都存在人手不足和容量不足的问题。我首先想到的，是将周一和周三的全天托管再额外增加一天，然而机构里已经满员，说去就去是不可能的。不过鉴于2月至3月家里施工的原因，短期停留，即在外留宿的项目使用得颇为频繁，点数消耗很多。但也同样是因为短期停留，日间托管的日子以请假居多，这部分点数其实是省下来了。至于是否有必要将点数用光，至少硬性规定是不存在的。

收到托管机构出现空位的消息，是在进入4月以后。由于是周二的空位，母亲由此变成了周一至周三，一周连续三天接受全天的托管服务。周一至周三朝九晚五的日间托管、周五上午半天康复训练，这几天早上都有陪护员送母亲出门，此外周四和周六还有陪护员负责上门准备午饭。乍看之下我的生活轻松了不少，但由于出现了第14章中提到的过食问题，以及排便失败的次数增多，在实际感受上我并未觉得负担急剧减轻了。“照顾母亲的日子好歹过得下去”，只是这样而已。

在这种情况下，母亲突发了两项健康问题。

其一是蛀牙。

2015年4月，母亲曾因跌倒磕掉了上门牙的牙桥。牙桥虽然在当时已修复完成，不过一年之后去牙医诊所复查时，查出了后槽牙上的大面积蛀牙。那颗牙被腐蚀得太严重了，再加上引起了牙周炎，结果难逃被拔掉的命运。“牙齿上有很多牙垢，刷牙不够仔细吧！”牙医说。据我观察，母亲刷牙时总是敷衍了事，大概是开始嫌刷牙麻烦了吧。目前，日本牙医协会正在展开一项名为“8020”——“80岁也要坚守20颗牙”的宣传活动。母亲已经达标了，但愿她直到人生的终点依旧用自己的牙齿开开心心地吃饭。

说到人们失去牙齿的原因，排在第一位的就是龋齿，然后是牙周炎，而这两种口腔疾病从发病到恶化，都始于细菌所造成的生物沉积，牙垢。每天认真刷牙清除牙垢，这是保护牙齿健康的第一步。话虽如此，我却无法像对待孩子那样，让母亲把嘴张大，替她刷牙。陪护员让我在母亲每次刷牙时都嘱咐一句："不可以偷懒，要好好刷牙哦！"这招管不管用我也说不好，但至少后来母亲再没得过蛀牙。

重口味饮食文化与血压管理的势不两立

母亲遭遇的另一项健康问题，是高血压。每次去托管，机构都会为母亲测量血压，而母亲的血压值一直呈上升趋势。机构那边建议我"应该听听主治医师的意见"。于是我带着母亲去见了H大夫。H大夫首先就母亲的病史向我进行了确认。

"高血压不是从前就有的，对吧？"

"对，年轻时的血压反而偏低。"

"来我这里以后测量的结果……整体是有些偏高，不过，高的时候有，低的时候也有。"

H大夫说着翻了翻病历。

"像您母亲这种，没有哪里特别不舒服的情况，通常来说就是继续观察。平常能做的，只有控制好饮食中盐分的摄入量。少盐是健康的根本。"

这下难办了。母亲自幼受重口味饮食文化的熏陶，吃盐量较多已成为了习惯。回想起来，从我记事起母亲的料理就味道浑厚。蒜味扑鼻、油光灿灿、酱油颜色的炒饭，对我们几个孩子来说，那才是“妈妈的味道”。就像我之前写到的，送餐服务没能在我家站住脚，恐怕也是因为母亲对健康、清淡的饮食不屑一顾。哪怕是由我做饭，口味淡了也必然会招致母亲的不满，“怎么搞的，吃不出味道！”然后她边说边往难得少盐的饭菜里玩命倒酱油。这样下去可不行，我偷偷把酱油换成了低盐款。结果，不但连酱油也被骂难吃，添加量还翻了一番。真是偷鸡不成反蚀把米。

说到控盐的窍门，据说可以更多地运用食醋和胡椒等其他调味料，利用咸味以外的味道让饭菜变得诱人。然而这显然超出了我的烹饪技术所能驾驭的范围。最终，由于我的自暴自弃，控盐饮食就这样不了了之了。考虑到余下的人生的质量，哪怕缩短寿命也应该优先保住口福——这种话，或许终归是在自我安慰罢了。而后的日子里，没有用完的低盐酱油和低钠盐还等着我去消耗；母亲的血压仍然忽高忽低，却从未超出过正常范围，或许这正是印证了“气由心生”的老话吧。

说句题外话，被一心向“咸”的母亲养大的我，其实完全不发愁吃得清淡。这还要归功于我在上小学时患上的轻度肾盂肾炎，我因此被强制过了一整年的低盐生活，舌头也因此习惯了低盐的清淡料理。等将来我老了以后，就算顿顿让我吃无滋无味的老年人配餐，想必也不会叫苦连天吧。

现在回想起来，母亲在当年是放弃了自己的偏好，特意为了生病的我每天把菜做得很淡。事到如今，自己能做的唯有感谢。

CHAPTER 17
第17章

照护现状再次被打破，账户余额一路下滑

自从收到“要照护3”的认定结果，我开始有意无意地考虑，“将来不可避免地要把母亲托付给某家机构”。

阿尔茨海默病是不治之症，病情朝向恶化有去无回，还有通常的衰老推波助澜。在一栋连隔热性能都不尽如人意的40年的老宅里，由我这个照护方面的门外汉来照顾母亲，这种做法终归不是长久之计。虽然说不清那将是在什么时候，但终有一天母亲会离开这里。也许会有短期回来的时候，然而一旦离开，在这里的生活便将一去不返。应该把母亲托付给谁，托付的成本又是多少，在那天到来之前需要做的准备，在我看来像一座山横在眼前。

但凡是和照护有关的事，我基本上都会和照护经理人T先生商量。与其自己闷头苦想，不如找个懂行又有经验的人为自己指路，行动起来更有效率。T先生是这样答复我的：“说得也是。我觉得可以慢慢来，到各家机构都去转一转。虽然统称为机构，实际上有很多种类，每家的特色都不一样。”

“其实我正准备去一家机构参观学习，已经提出了申请，您要不要和我一起去看看呢？那里提供小规模、多功能型、居家式的照护服务，而且离松浦先生家非常近。”

说到母亲接触过的几种服务类型——由派遣公司委派的陪护员的上门服务、把母亲送去机构的日间托管，以及偶尔在机构里留宿的短期停留，这些事业的经营主体各不相同，每种服务都是由我们几个孩子进行实地考察后，选出的最适合母亲的地方。相比之下，小规模多功能型居家式照护，是面向某个区域内少数人的、将以上几种服务综合在一起的照护形式。换句话说，不需要为每种服务单独选择机构，而是可以在一家机构里同时享受所有类型的服务。从被照护者的角度出发，这种照护形式的优势就在于，可以不紧不慢地“始终从同一个人”那里接受多种形式的照料。

“不过，如果松浦女士住进了小规模多功能型机构，照护经理人也将改由机构的人担任，换句话说，会有别人接替我的位置。”

就这样，我和T先生一同参观了这家小规模多功能型居家式照护机构。那里的确离家很近，外观就像一幢面积较大的平房。听说里面一共照护着9位家住附近的老人。这种就坐落在居民区之中、只照顾少数几位老人并且能够提供多样化服务的概念，我认为确实不错。不过……机构门口张贴的一张招聘海报引起了我的注意。海报表面褪色严重，贴在那里似乎已有很长时间。我觉得不好直来直去地打听，就婉转地向院长询问。

“目前，这里一共多少位工作人员呢？”

“首先是我自己，照护经理人兼任院长的职务。此外还有1位全职的护士，以及4位陪护员。”

回来的路上，我和T先生聊了聊。

“地方确实不错，但是我担心他们人手不足。人那么少，有一个辞职，恐怕就无法正常运转了。这么小的规模，还要做到面面俱到，万一人手调配不过来，很可能突然就办不下去了。”

“是啊，他们确实给人这种印象。像松浦女士这种情况，您已经努力把照护计划制订得很完善了，再搬去机构的优势恐怕不大。”

但是，在事后我想了又想，小规模的照护服务固然有它不完善的地方，然而自己却没有资格趾高气扬地去指点别人的问题。说白了，我家就是一所只有一名老人和一名全职工的最小规模的照护机构。当唯一的员工，也就是我无法尽到看护责任时，这里也将灰飞烟灭。

为了照顾自己的母亲——K女士离职

就在我为母亲物色托管机构的过程中，发生了一件令我备受打击的事。照顾母亲长达一年多的K女士，2016年7月辞去了陪护员的工作，原因是K女士自己的母亲阿尔茨海默病恶化了，K女士决定回家全心全意地照顾母亲。“之前一直把照护老人当成工作来做，现在轮到我去照看自己的母亲了。”K女士对我说。

三位主力陪护员中，最健谈的就是K女士，她经常和母亲聊天，母亲也很喜欢和她说话。再加上她性格开朗、处事乐观，K女士来家里时，我总能感到如释重负。

年轻时的K女士曾做过电视动画制作的工作，我和母亲都喜欢听她讲当年的事。据K女士回忆，在足以留名动画史的杰作《阿尔卑斯山的少女海蒂》制作时（1974年），她曾在近距离一睹总指挥高畑勋的英姿。就是那位执导过《太阳王子霍尔斯的大冒险》（1968年）、《萤火虫之墓》（1988年）、《辉夜姬物语》（2013年）等诸多名作的高畑勋。

“为什么所有人都怕高畑老师？制作《海蒂》时发生过的最恐怖的事，就是高畑老师若无其事地小声嘀咕说：‘看来全部都得推倒重来了。’在场的所有人听了以后都战战兢兢的：‘不要啊，高畑老师！只有这句话，请您一定嘴下留情啊！’”

K女士当班的最后一天，我为她献上了一束鲜花，以感谢她长久以来的辛勤付出。

因为交换了联系方式，几个月后，我收到了一封来自K女士的邮件。

“照顾自己的母亲和以往的工作不一样，我从未感到像现在这般艰难。”K女士在信中写道。

即使是像K女士一样经验丰富的陪护员，在照顾自己的亲人时也会感到疲惫不堪。这让我再次切实地体会到，照护老人的工作如果必须由家人一手操持，那将是一件多么不易的事。

状况频发，摇摇欲坠的现实

K女士离开后留下的空缺，填补起来比想象中还要困难。虽然先后来过不止一位陪护员，首先令母亲无法接受的就是突然有陌生人频繁在家里出入。从最初的“你是谁？为什么在这儿？”，到后来的“你做的饭难吃死了！这是能吃的东西吗！”，母亲开始因为各种状况对陪护员大发脾气，仿佛一夜之间回到了3月服用易倍申之前的状态。

遇到这种情况，虽然可以尽当时所能，重新修补出一套自认为完善的照护方案，但由于阿尔茨海默病与自然衰老的齐头并进，新方案迟早还会出现裂痕，于是不得不再次面临“抢修”困境。一如2015年春天时制定的“要照护1”应对措施于同年秋天失去了效力，2016年3月取得“要照护3”后组建的防御体系，同年8月时已经显出了颓势。两个月时间里，母亲的状态一落千丈，不仅因为阿尔茨海默病缠身，由衰老引起的身体机能下降也开始越发显著了。

8月初的某天，我一早起来便发现母亲的左胳膊上有大面积擦伤，发生了什么母亲不记得了。随后在接待室的土墙上，我找到了一道与母亲肩膀同高的弧形摩擦痕迹。按我的理解，应该是半夜起来上厕所时跌倒所致。母亲开始喊右边的侧腹部疼，而且痛感久久不见消退。我说带她去看整形外科，她就说：“不要看医生！绝对不要！”态度十分激烈。

然而母亲仍然疼痛不止，我只好采取强硬措施。结果，这次是摔断了一根肋骨。没办法，只能忍着疼，等待骨头自行愈合。而在整形外科就医时，我切实地感到了母亲阿尔茨海默病的加重。和一年前肩膀脱臼时相比，母亲说起话来明显有些语无伦次。

说到我眼中母亲衰退后的变化，实在多得举不胜举。腿脚不灵便了，越走越慢；一旦坐下，就不想再站起来。

夏季天气炎热，领着老狗散步的时间被我安排在了清早或傍晚。原先走不过一会儿的一趟路，如今却要走走停停，扶着墙壁调整呼吸才能走完。为了慎重起见，此前一直握在母亲手里的牵狗绳，也改由我来握了。每周一次的康复训练母亲仍然按时参加，但是看来这半天的锻炼并不足够让母亲的体能下降停下脚步。

与此同时，母亲的失禁量增大了，一觉醒来床单脏了的情况增多了。吸收量300毫升的康复内裤已不能满足需求，于是开始在临睡前启用600毫升的新款式。按惯例，母亲起初是不配合的："鼓鼓囊囊的，贴在身上难受死了，我不穿！"后来在陪护员们的协助下，费了好大力气，才让母亲接受了这种新款式。

失禁不只发生在家里，还发生在康复训练做到一半的时候，超过吸收量的部分漏了出来。为此，母亲去托管时我会为她准备好替换的裤子，万一失禁了，脏裤子会被装进塑料袋里带回来。结果，洗裤子便成了母亲每次回来以后头一件必做的事。

8月中旬，我清洗母亲带回来的脏裤子时发生了意外。由于我未能及时发现裤子是随康复内裤一起脱下来的，便直接丢进了洗衣机，导致吸满尿液的聚合物颗粒飞散在滚筒里，附着在了一同清洗的所有衣物上。我只好把滚筒掏空，尽可能地进行清理，再在地上铺满报纸，抖落衣物上的聚合物颗粒。

纸尿裤留在裤子里，这显然是机构一时的失误，但我仍然会想：这怪不得他们。招聘海报一直贴在门口的小规模照护机构、K女士的接班人一人难求的陪护员派遣公司，以及这次不慎将康复内裤留在裤子里的托管机构——恐怕所有的这些，都是人手不足惹的祸。

人手不足的情况下，现行的公共照护保险制度能否维持运转似乎已成难题。但即便如此，一来我不坐在能推行全面改革的位置上，二来我也不具备相应的智慧。自己能做的、必须去做的，是照顾母亲。不论环境如何，自己都有义务照顾好母亲，支撑起她的人生，而且有必要做到尽善尽美。人生若是影视作品，交期未到都可能推倒重来。但现实刻不容缓，成败全在当下的每个瞬间。

“死了就轻省了”——不想说，但停不下

一个家庭能够分配给照护的资源并不是取之不尽的。为母亲的失禁善后、清洗污浊的衣物、督促不愿起身的母亲出门散步，以及每次就医时的陪同出行——不得不去处理的状况层出不穷，压在我身上的担子再次变得沉重起来。

这种时候收入的一路下滑，是又往伤口上撒了把盐。

回顾这一年多来活期存款的变化趋势，自2016年下半年起，那个数字就开始急剧减少。因为越来越多的精力和时间被用在了母亲身上，工作成了一件不现实的事。

眼睁睁看着存款往下掉有多恐怖，没经历过的人大概无法理解。从收支曲线的延长线上，我确实看到了自己的破灭。想逃过这一劫唯有靠努力工作，然而这在看护的重担面前却无法实现。

对比2015年春天出现幻觉的情况，虽然形式上略有不同，但我的精神状态再次走到了失衡的边缘。就是从这时开始，我经常不自觉地自言自语："死了就轻省了……"其中一次是我独自走在人群当中，那句话毫无缘由地从嘴里冒出来，走在我前面的一个姑娘，大概是高中生吧，听到后身子一缩躲到一旁去了，那举动给我的印象非常深。

这句话没有主语，但主语显而易见。

"母亲死了就轻省了。"

母亲若是死了，自己便能从这重担里解脱出来。但是因为说出来心有不忍，便下意识地隐去了主语。然而，就算我能自我剖析到这种程度，也无法阻止这句话的脱口而出——"死了就轻省了……"

CHAPTER 18

第18章

那天，我望着无涯苦海，动手打了母亲

不再灵便的腿脚、不断增加的失禁量、接二连三的排便失败——衰老和阿尔茨海默病的同时加剧，令母亲在2016年秋天变得越发虚弱，越发需要人照料。雪上加霜的是，过食的问题在进入10月后复发了。

母亲的晚饭通常在傍晚6点左右端上餐桌，但是，这个时间只要稍有延误，母亲便免不了在厨房里一通翻找，储藏的冷冻食品也会被丢得到处都是。“我饿得发慌，站也不是坐也不是，说到底还不是你不给我做饭的错！”——大概因为食欲是最原始也是最根本的欲求吧，不管求她、吼她、和她说多少次，同样的事情还会发生。

精神的崩溃必有前兆。

这次的前兆，是一个具体的念想在脑海里浮现：若能亲手把胡作非为的母亲痛打一顿，一定可以大快人心吧！理性告诉我这么做万万不可。万一不知轻重地打了直不起腰，走不动路，摔一跤都可能脱臼、骨折的母亲，后果不堪设想。倘若失手打死了母亲，那就是搞出了人命，就意味着断送了自己的人生。但在理性鞭长莫及的地方，想象力无限膨胀。

有什么难的?

不就是握拳，抬手，挥腕。

想解气，就这么简单。

有什么好犹豫的！不过是对准迄今为止让自己受尽折磨的生物，落下制裁的铁锤！握紧，抡起，挥下——仅此而已就可以让你摆脱无法呼吸的重压，取回久已消失的笑容！

这就是传说中恶魔的低语吧。但是看看自己眼下的精神状态，那恶魔无疑就是自己。而那低语声，无疑是人性惨遭碾轧后发出的声响。

到底还是动手了

10月23日周六那天，我迟了一步下厨房，于是在冷冻食品遍地的厨房里，母亲盯着我的脸向我控诉：“肚子饿！肚子饿！”明天争取按时吧，我想，却有另一个声音清晰地在大脑里回荡：“教训她！如果明天还敢捣乱，再教训她！”

翌日傍晚，我和往常一样在那个钟点出门采购，花的时间久了些，匆匆忙忙赶回家时已过6点。印象中最迟不过5分钟。

我以为赶上了，迎接我的依然是厨房里的一片狼藉和母亲“饿！饿！”的埋怨。

回过神来，我已经扇了母亲耳光。

母亲则毫不示弱。

“居然打你妈！这种事你也干得出来！”她攥着两个拳头打过来。软绵绵的拳头落在我身上，一点感觉都没有。然而，付诸暴力的冲动一旦喷发，我便再也压不住它。绕过母亲的拳头，又一巴掌打在母亲脸上。“干什么！干什么！疼啊！你这家伙！”承受着母亲的怒吼和拳打，第三次，我动手打了母亲的脸。

只用手掌，大概是因为心里明白，“用了拳头便无可挽回”，下意识地有所收敛。事后回想起当时的心境，理性上的“必须停手”和想要冲破压抑的快感相持不下，以至于情感的部分夹在中间崩断了线。就像发生在不切实际的梦里一样，我和母亲纠缠在一起，扭打在一起。说扭打其实对母亲不公平，因为我感觉不到疼，疼的是母亲。我想住手又停不住手，机械地抽打着母亲的脸。

意识被拉回来，是因为血在滴。母亲嘴里破了口子。

暴力平息了，母亲瘫坐在地上，捂着脸，一个劲儿地嘟囔着：“居然打自己的妈……居然打自己的妈……”我仍然像被扯断了神经似的和感觉失联，除了能直勾勾地盯着母亲，浑身动弹不得。

眼瞅着，母亲的语调变了。

“哎？我嘴里怎么破了，怎么搞的！”——记不住事情，事情就会变成这样吗？那一瞬，我的情感回来了，背后掠过一阵恶寒。撇下向洗手间走去的母亲，我把自己关在了屋里。脑子像是被什么东西拿住了，使不上力气。浑浑噩噩地我看了眼手机，有一条妹妹从德国发来的消息。

“今天能连线的话咱们视频吧。下周放秋假我们不在家，再见就要到11月6日了。”

每周日晚上6点至7点，妹妹会在Skype上让外孙们和母亲视频。这个时间通常是固定的，但若临时有事不能上线，中止或延后都可以商量。妹妹发来消息就是为了此事。

幸好今天是周日，我赶紧回复了她。

“现在就有话跟你说，在线上等你。”

向妹妹倾诉，渡过难关

通过视频，我把事情的经过告诉了妹妹。不找个人倾诉的话自己怕是会疯掉。这么做虽然是为了自救，但也是为了坚定下不为例的决心。不论自己干出什么母亲都毫无印象，我害怕这样的自己会令暴力常态化，令暴力升级。妹妹似乎很快把握了状况。“明白了，我会负责和T先生联系。看来你已经到极限了，一起想办法吧。”

T先生在第二天联系了我。

“您妹妹发来邮件，情况我已经了解了。我的建议是，您自己首先需要好好休息。最近两周可以让您母亲住在机构里，利用这段时间把状态调整过来，然后再考虑将来的事。必要的事就由我来安排吧。”

T先生又补充说道：“说实话，在我看来，最近这段时间，松浦先生的确是快支撑不住了。您已经尽全力了。”

您已经尽全力了——面对诉诸暴力的家属，不然还能说什么呢？这句话想必就是教科书上的标准答案了。但即便是这样，这句话仍然说到了我的心坎里。

就这样，我们临时决定把母亲送去短期停留，不过在那之前还有几件事需要准备。先是带母亲去牙医诊所做定期检查，给牙齿做了清洁。同时拜托妹妹替母亲网购了冬天穿的内衣，等东西送到了确认大小是否合身。

去短期停留的前一天，我带母亲去内科医院接种流感疫苗。抗体的稳固需要几周时间，因此要抢在冬季大规模流行之前提早应对。接种前才发现，需要本人在同意书上签字。“在这里写自己的名字。”我对母亲说。“我写不了。”母亲露出不知所措的表情。“写平假名就行。”母亲想了半晌，最后还是写的汉字。软弱无力的几个字，母亲以前的字迹很硬朗。

母亲住进机构以后，家里只剩下我和老犬。两个星期的空白——其实是时隔两年又4个月我久违的休假。

利用短期停留等形式将患者与家人隔离开来，这恐怕是发生家暴时最基本的应对措施。11月至12月，T先生为母亲制订了“短期停留11天，回家3天，继续短期停留11天，再回家3天”的双周连轴方案。虽说有照护保险提供补助，短期停留仍然会产生每天5000日元的开销。对于收入骤降的我来说，这局面相当严峻。多亏了工作稳定的妹妹及时解囊，让我躲过了即将到来的经济危机。

和T先生商量的结果，是以我为核心在家照料母亲的模式已是强弩之末，是时候把母亲托付给机构里的专业人士了。

懊悔和如释重负的感觉在我心里绞成一团。

一边是“这就算走到头了？只能做到这一步了？就没有任何别的出路了？”，一边是“这下终于都过去了”，仿佛有两股力量在身体里拉拉扯扯地上蹿下跳。母亲不在了，我却不觉得自己得到了休息。

事实上，现状也不允许我松一口气。老年人照护机构的容量是有限的，加之近年来高龄人口的增长，不论哪里都人满为患。而且就算同为老年人照护机构，在分类上也可以很详细，但总的来说，可以分为收容健全老人的机构和收容需要特殊照顾的、诸如阿尔茨海默病老人的机构，或者分成公立机构和民营机构。仅此而已就可分成四大类，之后根据规模和经营目标又可以进一步细分。人数多的机构、人数少的机构、为了把日子过下去的机构、为了接受医学治疗和康复训练的机构，等等。

像母亲这种情况，没有明显的大病，但因为衰老和阿尔茨海默病拥有“要照护3”的认定，入住对象应该是一家“能够予以老人照料，并且会为老人提供安稳的生活环境”，以此为经营理念的机构。

为母亲寻找安生之地，做好打持久战的准备

在T先生的建议下，我们兄妹三人将从特别敬老院、老年人之家（group home）和民营老年人公寓这三类机构中，选出

适合母亲的去处。

特别敬老院是面向“要照护3”以上级别老人的公立照护机构。内部设施主要由生活空间构成，因此，对于需要持续医疗支持的高龄人士来说，这里是不适合的。特别敬老院分为广域型和地域密集型两种。广域型是不论申请人现居何处都可以入住。地域密集型则通常为定员29人以下的较小规模，只接收家住同一地区内的老人。由于是公立机构，入住费用相对低廉，不过视机构的建筑年代而定，配套设施的完善程度差异较大，有的地方是单人一间，也有像医院一样多人一大间的情况。但不管怎样，亲民的价格仍是这一类机构的魅力所在，而由于申请数量过多，在家中等候一年以上才能入住的情况时有发生。

相对而言，老年人之家（group home）是由社会福利法人，或是非营利组织等民营团体为经营主体的地域密集型照护机构。接收对象被限定为所在地区内的居民，规模10人至20人不等，特点是由少数人营造出家庭式的照护氛围。设施内几乎是一水的单人房间。由于同样享有政府拨款，这一类机构的入住费用不会高得离谱，但是相应地，慕名而来的人不在少数，需要做好长期排队的准备。

民营的老年人公寓就不用说了，入住费用居高不下，一个“没有最好只有更好”的世界。但是反过来说，只要花钱到位，任何服务都任君挑选。想必是价格令人望而却步吧，入住名额向来不是阻碍。别看是赡养事业，同样可以“有钱能使鬼推磨”。

作为一个现实性问题，民营老年人公寓的入住费用以我们兄妹的收入来说是过高了，恐怕难以企及。而特别敬老院和老年人之家给人的感觉同样不甚乐观。“看来要打一场持久战了”，这便是2016年年底我们的预感。

CHAPTER 19

第19章

送别了母亲

前两年都是带着孩子回国过年的妹妹，2016年年底是自己回来的，为了兄妹三人一起处理烦琐的事务，带着孩子不方便。从2016年年底到2017年年初，我们在T先生的介绍下一共走访了7处开设在附近的特别敬老院和老年人之家。

给我的总体印象，机构之间的差异是名副其实的千差万别。

拿特别敬老院来说吧，有的地方设备齐全、接待热情，有的地方就给人感觉阴森森的，过道的角落里仿佛有死神在屏息守候。至于老年人之家，由于经营者的性格和所属集团的经营理念大相径庭，各家之间的差异更为显著。这样看来，若不能找到一家跟母亲合拍的机构，母亲怕是会遭罪的。

不过，确实有一家我们一致认为“这里和母亲合得来”的老年人之家。那里地处市郊，离家不近不远，周围田地环绕，窗外景色甚好。隔壁有家幼儿园，平常还能和孩子们有个交流。不过我们最看重的，是这里秉承“在一起生活”而并非“集中管理”的办院宗旨。老人们可以随心所欲，不会被啰里啰唆地强调“规矩、规矩”，这和母亲可谓情投意合。不过，这里也是不出意外地“有缘无分”，没位。

入住申请可以同时向多家机构提交，算上这里我们总共申请了5家。其中之一是预定于2017年4月开业的大型特别敬老院。由于能一口气填补一百个空缺，入选概率较大，这家新院就是我们眼中最后的救命稻草了。

母亲，运势爆发！

照护机构接收申请人时，并非按照申请顺序的先来后到。

申请人的实际情况会被记录在申请表中，一旦出现空位，机构一侧便会权衡申请人的状况，优先接收“最需要帮助的老人”。一如前文中提到的，特别敬老院和老年人之家的申请人数普遍较多，不论哪里都需要等待很久。去机构参观时，得到的解释也始终是：运气好的话很快可以入住，但不能保证一定如此。

2015年4月实行制度改革以后，特别敬老院的最低入住条件已由原先的“要支援2”提升至“要照护3”。入住前的等候时间虽说因此有所缩短，不过就2017年1月当时的状况来看，任何一家机构都不会打保票说“比以前容易了”。

跨年那段日子，母亲是在妹妹的照顾下度过的。比起粗枝大叶的我，同是女人的妹妹懂得母亲心思，把母亲照顾得服服帖帖。不得不说，多亏了有她在。10月令我焦头烂额的过食问题此时已经消退，趁有妹妹照顾母亲，我出了趟远门，去鹿儿岛取材。1月中旬，妹妹回了德国，我安排母亲继续在机构“短期停留”。不过存在一个问题，短期停留的利用上限被规定为照护认定有效期限（母亲是一年）的一半。此举是为了杜绝“短期”停留的一住到底现象，防止托管机构在实质上老人之家化。这样一来，若想母亲停留超过半年，就不得不另寻出路了。

然而担心是多余的。事已至此，母亲突然爆发出惊人的运势。

1月18日那天，我们兄妹一致认为“这里不错”的那家机构，通过T先生传来消息，“有空位了”。惊讶之余我拨通了老人之家的电话，想不到那里的K院长已经先行一步，去短期停留的机构见过了母亲。“我对您母亲有信心，在我们这个注重家庭氛围的环境里，她一定能和大家相处得很好。”谁也没有想到，这件事竟会如此顺利。回想两年前，得之不易的新药临床实验因跌倒付之东流，这次的运气真是好到不可思议。

2017年1月23日、41年零10个月

为了给母亲办理入住手续，我必须和K院长见上一面、阅读厚厚一叠合同，并在多数文件上盖章。不过和此前的辛劳比起来，这些根本不值一提。关于入住费用，抛去母亲的养老金，我们三兄妹每人每月再出1.5万日元就可以维持下去。

如果我直言不讳地跟母亲说，“准备让你搬去老人院了”，母亲一定会哑然失色、暴跳如雷，然后和我较劲到底吧！我和T先生思来想去，决定把入住时间定在1月23日，从短期停留

的地方直接把母亲接去老人之家。“咱们换一家环境更好的地方试试吧”，我准备这样去跟母亲说。

1月20日周五到23日周一，将是母亲在家度过的最后一段日子。住进老人之家以后，主治医师也会随之由机构的专属医师接替。21日周六那天最后一次去见H大夫时，H大夫已经通过T先生了解了事情的原委。“考虑到你家的现状，住进老人之家应该是最正确的选择了。”H大夫对我说。

“子女照顾父母，迟早有筋疲力尽的一天，就算再努力，感情上也有接受不了的时候。别担心，稍微拉开点距离，你还能像从前那样对母亲无微不至。”

就像T先生对我说“您已经尽全力了”，H大夫的这番话或许也是面对家暴者的外交辞令吧。但即便如此，对于在过去两年半里始终奋斗在照护一线的我来说，这番话却是那么的不可多得和催人泪下。

大概是最后的机会了，我想，周六那天做晚饭时我打起了十二分精神。

做的是寿喜烧，母亲边吃边说“好吃”。

但是翌日早上的状况并不好。

我一早起来，发现母亲两眼无神地盯着电视，沾了大便的被子就搭在腿上。厕所里、床上、地上到处是稀便。脏了的床单一半塞在洗衣机里，一半露在外面。想必是母亲曾打算自己处理，收拾到一半又突然忘了是自己想做这件事。我让母亲把衣服脱光，用浴室的喷头冲去了她身上的便污。安顿好母亲，紧接着是清理地面和喷洒杀菌剂。沾了大便的东西统统用漂白剂浸泡，然后活水冲洗一遍，洗衣机再洗一遍。看着手上的动作越发娴熟，我不禁感慨这两年半对自己的历练。母亲在一旁使劲儿道歉：“对不起，对不起，让你干这种事……”但是说着说着就没了下文。记忆不连续了，能有什么办法呢。

走到这一步，我仍会因为把母亲送走的决定怀有罪恶感。尽管精神已经濒临崩溃，尽管已经动手打了母亲，但既然母亲说想住在这个家里，我便也想为她实现这个愿望。但是，在为母亲的失禁善后时我想通了。“只要母亲还能控制排便，无论如何都要在家里照顾母亲”，2015年7月母亲的肩膀脱臼时，我曾有过这样的决心。正是母亲在这天早上的排便失败，让我和心中的彷徨划清了界限。能做的，都已经做到了。

我有点儿担心母亲的肠胃，但这毕竟是母亲在家的最后一晚，于我而言已经没有再去顾及后果的道理。当晚，我豪气十足地买了特级牛肉做牛排。因为是脂肪比例颇高的霜降牛肉，实际的克数并不大。母亲这次也是一边说“好吃”一边囫囵吃光了。可见，健康的肠胃无疑是种宝贵的财富。

翌日，1月23日星期一，母亲起床时很顺利，排便也没出问题。母亲并不知道自己不会回来了，只是在陪护员的帮助下做好了出发准备，怀着和以往去机构时同样的心情迈出了家门。

望着母亲的背影，浮现在我脑海里的——我不怕你们笑我是动画宅——是电视动画《红发安妮》（1979年）临近尾声时某集的标题，“送别了马修”。没错，这部动画同样是曾和K女士一起共事的高畑勋的作品。马修和玛莉娜兄妹收养了孤儿安妮，那集描写的正是马修死后葬礼上的情景。

在亡夫修建的这栋房子里，母亲度过了她的半生，41年零10个月。倘若再有机会回来，便是在年末，只是到那时母亲的状况如何、是否回得来，仍是未知数。

一个家庭的一个时代，就此迎来了终幕。

望着绒毯上的痕迹，实感涌上心头

尽管我有心沉浸在伤感里，却没有时间伤感。随后一连几天，我都忙得不可开交。T先生从事务所借来一辆小货车，带升降平台，一般用于接送坐轮椅的人，我们用它搬运母亲的行李。电视机、床头柜、衣柜、内衣外衣，缺了哪样可以日后再补。床是现成的，前一位房客（已故）的家属留下了它，说是可以给后来者使用，我心怀感激地收下了。

直到最后的最后，我还是免不了要受T先生关照。T先生会说“这是我的工作，不用在意”，但若不是因为借助了他的专业知识和妥善的照护方案，我想我和母亲都不可能走到今天这一步。我也和K院长通了电话，就入住当天的事和他打了招呼。我对K院长说，母亲不管怎样都是要闹一通的。“不用担心，我们都很有经验。”T院长给了我非常肯定、可靠的答复。

母亲用过的护理床，还有卫生间里的行动辅助器具，都被租赁公司的人上门取走了。今后母亲若有机会回来看看，需要用床时，租赁费将不再由保险提供补助，而是全额自费承担。

1月23日入住当天，从短期停留机构到老人之家这段路，我为母亲预约了“照护出租车”。这种专门服务于“要照护”老人的出租车，即使老人有乘轮椅或卧床的需求也可以放心搭乘。我先行一步在老人之家门口等候，不多时，载着母亲的出租车到了。

“不是要回家吗？你这是要带我去哪儿呀？”意料之中，母亲拉紧了心里的那根弦。

“在短期停留已经待得够久了，我为你新找了个环境更好的地方。”我搬出事前准备好的“基本属实”的引导词。然而母亲根本不听我解释。“这是哪儿？你们要对我做什么！”她一遍又一遍地质问着，死守在玄关里不肯走。“接下来的事就请交给我们吧。”K院长悄声对我说，“老人们的状况都差不多，您母亲也会很快平静下来的。如果她一直能看到您，状况恐怕还会反复，您暂时先回去比较好。”

母亲还在闹着，但是已经没有什么是我能做的了，趁她不注意，我悄悄离开了。

回到家，迎接我的是老犬。

这位“老人”也有15岁了。送走了母亲，紧接着就该照顾老犬了吧。15年来作为家庭的一分子和母亲相依为命的老犬，不好好给它养老送终是不行的。

给母亲当卧室的接待室的绒毯上，清晰地留下了护理床的压痕。绒毯上残留着黄色的斑痕，那是不论怎样清洗也无法消除的、母亲曾经失禁过的痕迹。想到母亲还有可能短暂地回来这里，我把绒毯留在了原处。真正撤掉它时，将是在母亲离世之后。

忽然间，仿佛有条名为“过去”的分割线真切地浮现在我眼前。

CHAPTER 20

第20章

“预防医学的悖论”赐予我防范阿尔茨海默病的对策

我所经历的为期两年半的照护生活，不过是无数“样本”中的一例。

放眼世间，担负照护重担长达10年以上的人也是有的，因此我并不打算以我个人经历，去衡量社会整体的照护现状。但即便如此，在我竭尽全力查阅、研究各种材料、与母亲的状态进行对照，并在不断自我反思的过程中，我确实领悟到了一些东西。在这一章中，我将放眼“老年人照护与日本的未来”，斗胆做出奋力的一击。

以维持社会运行现状为首要目标

首先，让我们从这个国家的人口年龄结构说起。

高龄层呈上涨趋势，诞生于1945年后数年间的团块世代正在逐渐超过70岁，另外，青年层则一路下滑。一个国家的人口动态是可以被准确预测的，这在20世纪80年代便已得到证实。同样是在80年代，已有国家开始大刀阔斧地推行改革以求提高出生率。譬如在法国，产下子女的女性可以获得全方位的社会优待，截至2014年每位法国女性一生中平均产下1.99

个婴儿。而日本却不以为意，2014年每位日本女性一生中平均只产下1.42个婴儿。

即使立刻马上出台比肩法国的优待女性政策，想要逆转眼下的高龄化趋势仍需经历漫长的时间，因为毕竟适龄产妇的人口已经开始下滑。尽管如此，日本的现政权至今仍未显示出推行全面改革的意愿。既然如此，我们只能以现有的人口构成为前提，来探讨面向未来的对策。高龄层不断增加，青年层不断减少——如此形势下，若想维持住社会以往的运行模式，解决方案便只有一个：进一步压榨老龄人口的劳动力。

65岁退休是痴人说梦，工作到70岁、75岁才有养老金可拿，这无疑是最简单的办法，而日本的政策也确实在朝这个方向倾斜。

但是，这项对策背后存在一个极大的隐患。

高龄人口中，将有一定比例的老人因病无法继续工作。

譬如癌症，譬如心脏或大脑出了问题，譬如阿尔茨海默病。再加上衰老的影响，这个不能工作的比例会随年龄一同增加。

一个人在不存在健康问题的状态下持续日常生活的期间，被称为“健康寿命”。2013年，日本男性的平均寿命为80.21岁，平均健康寿命为71.19岁，相差9.02年。女性的平均寿命为86.61岁，平均健康寿命为74.21岁，相差12.4年。换句话说，男性在人生最后的9.02年，女性在人生最后的12.4年，别无选择地需要仰赖于社会的支持。

如果不能设法延长健康寿命，“让老年人也为社会出一份力”的战略目标便将形同虚设。因此，为了实现“延长国民健康寿命，在少子高龄化趋势下维持社会正常发展”这一宏伟目标，针对阿尔茨海默病的预防工作将是其中必要的一环。

实际上，少子高龄化的命题还存在另一种解法：通过大量引入人工智能和机器人来提高社会生产力。因为与老年人照护和阿尔茨海默病的话题无关，在此就不做赘述了。不过可以肯定的是，今后日本的社会形态，将是“老年人供职”与“机械化生产”相结合的产物。

依我所见，应该不会有太多人刚刚步入老年就希望自己患上阿尔茨海默病或是心脑疾病，就此一命呜呼吧，多数人还是希望自己能活得健康、精力充沛。由此可见，社会对我们的要求和我们自身的欲望大体是一致的。那么需要我们做的，显而易见，就是设法延长健康寿命。而研究这一问题的对策，正是预防医学的范畴。预防医学中所谓的“一次预防”，即是“为了不生病应采取的措施”，其实净是一些常识性的简单对策。譬如：

“为了不得高血压应控制盐分的摄入”；

“为了营养均衡要多吃蔬菜”；

“为了预防肥胖要加强日常锻炼”；

“应接受定期体检”；

“不抽烟、少喝酒”；

“每天保证充足的睡眠”；

等等。

问题在于，即使全部照做，该生病的时候还是会病。反过来，就算不遵守，长寿的人还是会长命百岁。因此，人们总是倾向认为，“这些东西与健康和长寿无关”。

什么是“预防医学的悖论”

然而，这种观点是不正确的。

我们总是倾向于用因果关系看待事物。并不是说在健康问题上父母是因，我们是果，而是无论如何都会认为“任何结果都是有原因的”。然而在社会层面上，健康问题其实是一个统计与概率的问题。譬如说，如果以预防高血压为目的控制盐分的摄入，那么社会全体患高血压的概率便会下降。因为是概率问题，一定会有人少吃盐照样患高血压，或是吃再多盐也不会患高血压。

因此，为了延长社会全体的健康寿命，就有必要让社会里的每一个人把预防措施贯彻到底。仅靠细心呵护重症患者，或是反之抛弃这部分人群，都不能达到延长社会健康寿命的初衷。

预防医学中存在如下的“预防医学悖论”。

“低风险的多数群体中出现患者的数量，要多于高风险少数群体的情况。”换句话说，“能够为整个社会带来巨大恩惠的预防医学，予以构成社会的每个个体的恩惠是极小的”。但是这样讲就太不含蓄了，让我们再换一种更能鼓舞人心的说法，“当大多数人的风险，被极小程度地集体减轻时，将为社会全体带来无与伦比的巨大恩惠”。

进一步说，若想降低某种疾病的发病率，单独对高危人群进行集中护理是效果甚微的。唯有社会全体的共同努力才能达到预计的效果，这是统计学上的事实。

即使把所有高血压患者集中在一起治疗，高血压的潜在发病人群也不会就此减少。唯有呼吁全社会采取低盐饮食，并当每一个人都养成良好的饮食习惯时，社会范围内的高血压患者数量才会减少。

2016年秋，某知名主播曾在网上公开写道：“对于那些自食其果的人工透析患者，医疗费应该全部由他们个人承担。如果哭爹喊娘地说付不起，直接杀掉就好了。否则现存的医疗体系会要了日本的命。”民众谴责其言论荒谬，是对透析患者的中伤，而此人在这件事后亦被多档节目封杀。

依我之见，他大概是不了解“预防医学的悖论”吧！

就算攻击了这部分透析患者，让他们自付医疗费用，社会整体的医疗支出也不会因此有较大改观。只有当社会全体渐渐养成了不至于接受透析的生活习惯，透析患者的数量才会减少，医疗支出才会下降。另外，这次的主播事件其实揭露了隐藏在少子高龄化不断加剧的日本社会中的一个巨大危机，至少我这样认为。

为何说煽动分裂的民粹主义者是危险人物?

当现状一筹莫展，我们总是不自觉地渴望得到一种清晰透彻的见解。但是对于不习惯借助概率、统计，而是倾向使用因果关系判断事物的我们来说，所谓明确的见解，即是类似于“有他在，便有你的麻烦；除掉他，你便一身轻松”。同样的因果关系下，“人工透析患者是医疗支出高涨的元凶，他们若不自费，日本便将灭亡”，内容大致如此。但毫无疑问，这样的言论是不着边际的。

“是他不好，没有他你会更好。”进入21世纪以来，利用类似言论煽起民粹主义以博得世人支持的政客多了起来。

这是一种非常危险的状况。为什么？因为民粹主义提倡的“是他不好”，会造成社会的分裂，并留下伤痕。从预防医学的悖论中我们了解到，延长健康寿命需要的是社会全体的共同努力，然而社会一旦分成了敌我双方针锋相对，共同的努力便将化为泡影。

如此岌岌可危的形势下，却有政客站出来表示：“提供给老年人的资源太丰厚了，应该把更多的预算拨给年轻人。”乍一听，像是替世人道出了难言之隐，想必很多人都当此举是正色敢言吧。但是，这却相当于把同为弱势群体的老年人和年轻人化分成两股敌对势力，并宣扬“你们年轻人的时运不济是老年人害的，扳倒了他们你们才能时来运转”。

赞同了这种观点，便是分裂了同为社会组成部分的老年人和年轻人，制造出双方矛盾，让社会背负伤痕。

事情若是成了那样，基于预防医学的延长健康寿命也罢，减少阿尔茨海默病患者的数量也罢，都将变得难以实现。年轻人会说："那是老人的问题，与我无关。"老年人则会说："不管年轻人说什么，都没有听之任之的道理。"

因此，哪怕是为了一己私利，政客们也不该随意妄言，一面博得社会的支持，一面又分裂了社会。这个社会需要呼吁声："我们正在面临这样的问题，让我们集思广益，共同寻找最切合实际的解决方案！"即使最终得出的结论同样是"削减老年人的预算转给年轻人"，但这是在不造成对立的情况下达成共识，社会便仍然完整无缺。

沿着这个方向继续思考，基于流行病学的研究成果和预防医学悖论，我留意到了几种有可能降低社会全体阿尔茨海默病发病风险的方法和对策。

譬如禁烟。尼古丁在过去被认为可以降低阿尔茨海默病的发病风险，然而最新研究表明，事实恰好相反。2017年7月，面向2020年东京奥运会，全社会正在就餐饮业是否有必要全面禁烟的话题展开激烈讨论。餐饮店的二手烟问题，对社会里的每一个人或多或少都有影响，若能像其他国家那样严格控制公共场合吸烟问题，最终会减少阿尔茨海默病的发病率。而这同样意味着延长健康寿命，意味着少子高龄化问题日益严峻的日本将迈出通往崭新繁荣的第一步。然而对此持反对意见的自由民主党的政客们，似乎对这样的前景视而不见，实属遗憾。

还有黑心企业的过劳问题。睡眠不足是导致阿尔茨海默病的一大隐患，这在疾病学的研究上已被证实。可以肯定地说，黑心企业从员工的过劳中谋取暴利，在本质上是消耗了未来的健康保险和老年人照护事业的本金。由于过劳问题在社会范围内普遍存在，若能得到全面治理，必然会对降低未来的阿尔茨海默病发病率起到积极作用。此外，可能导致阿尔茨海默病的危险因素，还包括高血压和糖尿病等一些不健康的生活习惯病。不健康的生活习惯病的领域，恰好是预防医学悖论的用武之地。而这些只有在社会全体共同努力的情况下，发病率才会大幅下降。而这些疾病的发病率下降，同时又能使阿尔茨海默病的发病率降低。

降低阿尔茨海默病的发病率、延长健康寿命，以此维持现有的社会运行模式——为实现这一目标我们需要付出哪些努力？我进行了如下思考。

预防仍需共同努力、持续的普及与善意的包容

“你的悲惨全是因为他，想解脱只有除掉他”——首先一点，便是不能允许以此为主张的民粹主义，以及借此笼络人心的民粹主义政客们形成势力。目的在于防止社会的分裂。

我们的社会无所谓谁好谁坏，而是一个休戚与共、祸福同享的整体。

在此基础上，逐渐将延长健康寿命的可行方案普及整个社

会。至于方案本身，由于每一条都是众所周知的道理，施行起来才格外困难。但只要确实地施行下去，一定可以有效地减少阿尔茨海默病的患者数量。

只要患者的数量下来了，现行的公共照护保险制度便可以在维持现有框架的前提下发展下去。预防措施做得再完备，也一定会有人患上阿尔茨海默病，但只要照护保险制度能够存续下去，这部分人群便不会被抛弃，社会将友善地接纳他们。

在此我想重申的是，绝不可以用分裂的方式将患者从社会中割舍，而是要将他们视为社会的一部分予以包容。

CHAPTER 21

第21章

铁打的坐骑与影院的黑暗

照护生活的两大支柱

6

7月，母亲入住老人之家已有半年。此时的母亲已经完全适应了新环境，每天都过得快快乐乐。比起在家里和我一起生活的时候，母亲脸上的表情更舒展了。在家时，这辈子向来能做到的事一点都不会做了，加之和我的冲突，自尊心始终都在受挫。但是在老年之家里，不管在什么事情上力不从心，都有经验丰富的照护专员和齐全的配套设施予以辅助。

只是在吃饭的问题上，母亲始终适应不了以健康为本的清淡饮食。每周我去看她，她都跟我抱怨说“饭难吃、没味道”。拿母亲没辙的工作人员笑着对我说：“每回听您母亲说难吃，我们都觉得可扎心了！”那是一定的呀，我心想。作为她的儿子，也只能替这个嘴上不把门儿的老妈说一声抱歉了。

某次老人之家搞活动，吃鳗鱼饭，母亲却大放厥词说：“这鳗鱼是假的！真正的鳗鱼饭才不是这样的！”你以为自己是海原雄山[1]吗？要么就是该人物在现实中的原型北大路鲁山[2]人吗？

好在，只要事前和老人之家打好招呼，我是可以自备晚饭

① 注：海原雄山，漫画《美味大挑战》中主人公的父亲，日本第一美食家。

② 注：北大路鲁山人，日本著名美食评论家。

和母亲一起吃的。我准备这几天就带着母亲中意的那家鳗鱼饭去探望她。虽说日本鳗鱼现在已濒临灭绝，不过，为了这位83岁的老太太不知还能再吃几回的口福申请一次特殊照顾，应该不至于天理不容吧。

至于母亲的失禁，已经发展到了无可救药的地步。我去探望她时，当着我的面就发生了好几次。我再次切实感到，哪怕只是出于这个原因，也没办法继续在家里照顾她了。这半年来，母亲的身体衰老了许多。6月时，母亲曾犯轻度脑梗死，在医院里住了一周。所幸救治及时，没有留下后遗症，但如果再犯一次，到时候能不能好利落谁也没有把握。

我无法判断母亲的生命还有多久，剩下的时间里又还有多少快乐在等着她，但是看着这样的母亲时我会想：所谓“余生”，就是像这样吧。因癌症去世的父亲，直到最后仍在靠自己的意志做着什么。父亲的人生是无余的，直到最后一刻都是他“自己的人生”。

若问我哪边的人生更令人向往——那无疑是98岁临终前3天仍在书写评论、以现役音乐评论家之身份鞠躬尽瘁的吉田秀和先生的人生轨迹了。只是当今时代，并非谁人都能像这样为人生画上圆满的句号。

一点关怀，给身边的照护者们

说回我自己，把母亲托付给老年之家后，拖欠已久的疲劳感一齐找上了我。每天起床后随便吃点东西、喂过老犬、带它走上一圈，仅此而已我就像断了电似的，倒在床上又睡过去。这种状态一连持续了两个月，因为没有力气工作，收入上眼瞅着没了退路。终于有所行动，是在进入3月以后。那也是因为“3月15日是纳税申报的截止日，如不能在那之前完成计算便将大难临头”，被这件事抽打着，沉重的身体才好歹活动起来。

所以我想说的是，或许父母此时不需要我们亲自照料，但如果身边正有人为此操劳，希望你同样能予以些许的关怀，哪怕只为不增加对方在工作以外的生活负担。

我是靠取材和写作维生的自由职业者，和外部的协调相对单纯。收入骤减的问题，从积极的方面来看，便是有可能以牺牲工作为代价，换取对父母的精心照料。但若是在企业里供职，想必身心都将更加不胜负荷吧。说句实在话，如果自己是上班族，我不敢说能撑过这两年半。

此前我也曾反复写到，照护者如果倒下了，被照护者将会陷入生存危机。

正在阅读这篇文章的读者朋友们，不论你是站在雇佣方的立场上，还是受雇于他人，但愿你不经意间的举动都不曾让那些勇于担起照护重担的人感到更加无力喘息，希望你的一言一行都有助于缓和他们精神上的沉重压力。

兼具机动性和装载性的代步工具最便利。

我的照护经验不过是无数样本中的一例，从中并不能提炼出像“照护应当如此”的指导纲领。尽管如此，仍然有一些

“我曾经感到的”或是“曾经想到的”东西，或许能对即将迈入照护生活的人有所帮助。

事先声明，只是或许能够提供帮助，在这个大前提下与大家分享一则我认为有用的经验。

于我而言，这辆代步工具便是轻量级单排气管250cc引擎的“本田AX-1”。

我于1991年购入AX-1的新车，已经骑着它走过了26个年头。作为一个标准的机车迷，若要我说起对AX-1深深的爱，怕是可以一直说到地老天荒，所以——简言之，AX-1是本田于1987年泡沫经济巅峰期时，不计成本开发出来的，不但车体轻盈、提速迅猛，后挡泥板处的货架亦是提供了较好的装载性能。

正是这辆AX-1，在我照顾母亲的两年半时间里立下了汗马功劳。

首先是鉴于其良好的装载能力，出门采购时总少不了要骑上它。而且我平时把车就停在门口，临时需要买点什么了可以骑上就走，非常方便。

照顾老人，总会遇到突发的购物需求。比如厕所堵了，急需一把橡皮搋。比如突然发现常备的康复内裤用完了，或是饭做到一半调料没有了，但只要有AX-1在，遇到这种情况问题都可以迎刃而解。

有人会说，开车也是一样。的确，在功能上并没有不同，但是开车有开车的难处。比如去大型超市采购时停车场满员了必须等位，或是半路上碰上塞车寸步难行。骑摩托的话，利用其体形优势，只要知道大体方位就可以一溜烟地拐进小路，不至于在原地一筹莫展。而且骑摩托去采购的人并不多见，停车从来不是问题。

就我个人而言，可以说当年企划、研发了AX-1的本田团队对我恩重如山。话虽如此，那也因为我在这26年里已同AX-1融为一体，换作他人并不一定认为“这种250cc单排气管的车型如何如何惊艳”。

在我看来，一辆“机动性强”的代步工具需要满足3个条件：①临时起意也可以马上出发；②可以便捷快速地往返于常去的购物地点；③具有一定的装载量。如果家附近坐落有商品种类齐全的购物中心，那么“机动性强的代步工具”有一辆自行车就足够了。如果住在较偏远的地方，附近道路空旷，院子里又容得下汽车，具备随时驾车出行的条件，那么汽车就是“机动性强的代步工具”。

视需求而定，汽车可以是轻型汽车，自行车也可以是性能更强的山地车。但不管怎样，“需要时可以马上开动，可以用最短时间抵达目的地”这个条件都是摆在首位的。具体选择哪种代步工具，则随环境变化而变化。

但如果非要举出一种在各个方面都没有短板的坐骑，我认为应该是125cc的速可达。125cc的机车在法律上被归为第二类助动车，购置税和保险都相对较低。速可达的车体小巧轻便，加之125cc引擎的输出功率可达10马力，平时穿行在车流之间毫无问题。虽然无法驶上汽车专用道，不过在一般道路上行驶时，最高限速仍然可达时速60千米，与普通汽车是一样的。速可达的另一大特点，就是在座椅下方预留有放置头盔的空间，这个空间在购物量不大时足够用了。当然了，如果有条件在座椅后方加装储物箱，那就更完美了。

目前，国内的机车行业正在积极争取让普通机动车驾照也能够驾驶125cc的机车。现行的普通驾照仅对应50cc的第一类助动车，而在海外许多国家，排量125cc以下的机车全部在普通驾照的可驾驶范围内。相比20世纪80年代的全盛期，如今的国内机车市场已经萎缩到了面目全非的地步，而业界此次有所动作，意图便在于通过扩大潜在的“机车人口”，向市场注入新的活力。

考虑到今后将有越来越多的老人需要照护，我个人认为，将125cc机车并入普通驾照的想法是值得肯定的。只不过，汽车和机车在操作感觉上有较大差异，为了安全起见，在更换驾照时有必要对持有者强制实行4—5小时的课程培训。想必还不曾有人从老年人照护的角度看待第二种助动车驾照的问题，或许这确实是一个值得一提的提案。

驾驶机车逃入影院——我精神的避难所

对我来说，机车还是疏解压力的帮手，但不是通过在半夜的马路上狂飙。

我家方圆10千米内有3家影院，15千米内就再多1家。看电影这件事，如今都是网上订票，用信用卡结算。照顾母亲的时候只要稍微得空，我就抓紧时间去网上订票，然后骑上摩托直奔影院。比如趁母亲去托管还没回来的时候，或者，她睡得早的话也可以去看晚场，总之抓住一切机会往电影院跑。

10~15千米的路程，对骑摩托来说不在话下，比乘公交更快，也不用担心晚场结束后错过末班车。只要遁入影院的黑暗中，至少有一个半或两个小时可以让我忘记照护的现实。事实上，我在这两年半里看过的电影，比此前人生中的任何一个时期都要多。

驾驶机车逃进影院的黑暗中，我的精神世界确实因此而躲过了崩解的危机。

CHAPTER 22

第22章

题外话：母亲眼中昭和三十年代的日本企业

接下来要讲的，就真的是题外话了。关于十几年前母亲还健康时，从一个原豪门企业女职员的视点讲述的，昭和三十年代初期日本上班族的实态。

昭和三十二年（1957年）春，母亲从大学的英文专业毕业后，进入了坐落在丸之内的一所财阀企业……唉，反正都是60年前的事了，透露实名也没关系吧！母亲就读的是日本女子大学，就职的企业是三菱电机。

在这里我要提前说一声抱歉。由于下文中说尽了三菱电机的坏话，若有哪位三菱电机的人读到这里，请您只当那些是一个20岁出头的丫头在60年前发的牢骚，就不要往心里去了。

母亲的毕业论文，写的是关于14世纪英国诗人杰弗雷·乔叟的《坎特伯雷故事集》。主题似乎是“古英语中第二人称的变迁”，只是我在当年听得不甚上心，不管母亲讲了什么都早就化成了一股烟。

本科毕业就研究古英语，听起来确实很有分量，只是不知母亲实际融会了多少……倒是有一次，母亲爆料说西肋顺三郎曾是她的讲师，着实吓了我一跳。西肋顺三郎（1894—1982），那可是写出了《旅人无归》和《祭农神》（*Ambarvalia*）等著作的大名鼎鼎的大诗人，同时也是留学英国、研究英国文学的大家。我兴冲冲地问母亲："西肋顺三郎是个什么样的人？"得到的回答却是"苛刻"和"吓人"。想不到有人在亲见过那位西肋顺三郎后竟是这种感想……或许母亲当年确实认真听讲了，至于从课堂上收获了几分知性与文学的感动就不好说了。

不管怎样，大学毕业后母亲进入了东京丸之内的三菱电机总部。但并非是应聘进去的，而是走了关系。母亲的母亲，也就是我的外祖母当时在学校里执教，据说是外祖母通过那所学校的校长和三菱电机的会长说上了话。三菱电机当年的本部，位于东京都千代田区丸之内二丁目三番地的东京大厦内，即如今三菱商事大厦的建造所在地。

昭和三十二年，就经济周期而言处在神武景气的末期（战后第一次高速发展期）。而在城市交通方面，此时正值有轨电车的全盛时期。昭和三十年时，东京的有轨电车曾以总计40条路线、213千米的铺设规模闻名遐迩。

这年1月，日本首次以"南极越冬"为目标的西堀荣三郎科考队登上了南极大陆。6月，日本饮料工业（如今的日本可口可乐）正式成立，开始在国内灌装生产可口可乐。8月，日本首台核反应堆"JRR-1"于茨城县东海村的日本原子力研究所投入使用。10月，5000日元纸币开始流通，在那之前，1000日元曾是市场上的最高面值（10000日元纸币的问世是在翌年的昭和三十三年）。

同年，三岛由纪夫发表著作《美德的动摇》，"动摇"一词成为社会流行语。职棒方面，西铁狮子队的投手稻尾和久书写下了二十连胜的不败纪录，也就是在这年，稻尾被人们冠以了“神佛稻尾”的美称。

母亲进入三菱电机以后，被安置在了海外事业本部下属的调查部。说起这个部门派给女性职员的工作——仅仅是给男职员和外来宾客们沏茶倒水，以及保持工作环境的干净整洁。女人在这里可以说是名副其实的“职场之花”了。

每周都有几天轮到母亲当班，职责是一早来到公司，用潮抹布把所有桌面擦拭一遍，然后在男职员到岗之前备好茶水，端到办公桌上。

“对我们的要求，就是只要坐在那儿待着就好了。”母亲曾这样描述。可想而知，没人会把正经工作交给你，但就算无事可做，公司还是不能不去的。说白了就是一个字——闲。和近些年的黑心企业比起来，简直是梦寐以求的职场环境。没有任何硬性规定，那是只有在女性受到差别对待的彼时才能得一见的光景。

职场里的文学全集

闲来无事的母亲把文学全集带进了公司。结果是挨骂了——“上班时间你干的是什么事？”那套书至今还保存在家里，是新潮社于昭和二十八年至昭和三十一年间出版的《现代世界文学全集》。书看不成，母亲耍起了花花肠子，把文学全集换成英文小说，照读不误。这次谁也没说什么。由此可见，即使是在海外事业部，不会英语的男职员也大有人在。

说起母亲经常能领到手的工作，不是跑腿把文件送到别的部门，就是用手抄的方式复写文件。放在今天，在电脑上点击“复制”和“添加到邮件”就算搞定了。

被别人当人力复印机使唤，无趣是必然的，但好歹是份工作。毕竟，没事做的时候很可能被男职员假公济私地发配去买烟之类的东西。偶尔也能赶上把通关文件送去横滨海关的差事，这种工作交给你就是一整天，出了公司大门就不用再回来，神清气爽。

工作清闲的另一个侧面是超低的薪水。母亲对此一直耿耿于怀，以至于回忆起这段经历时，时不时就会冒出一句“抠门电机”。据说比上学时从父母那儿领到的生活费还少，而且薪资水平男女有别。我调查了一下，昭和三十年，本科毕业进入事务行当的平均起步薪酬约为1.3万日元。相比之下，母亲在昭和三十一年领到的第一笔工资据说只有7800日元。

职场派系、企业排位和拍马屁

那么，在这样一家三菱电机里供职的，究竟都是一些怎样的男人呢？

由此往下，将是曾经的OL——办公室丫鬟的闲言碎语大串烧。

“那些人嘴上说有工作、有接待任务，其实是拿着公司的钱，每天晚上花天酒地。第二天一个个不省人事的样子，抖抖索索地就来上班了。”

据说母亲的直属上司，以调查部长为首的一干人等，脸上永远泛着喝酒上脸才有的红潮。

“每天早上见了面，互相之间从来不问‘早上好’，张嘴就是‘承蒙关照’‘昨天晚上承蒙关照’。一大早，公司里上上下下都是散着酒气的‘承蒙关照、承蒙关照’。”

哪怕是这副德行，男人们仍然会大摇大摆地发票递给母亲这些女职员，交代说“把这个处理了”。花着公司的钱吃吃喝喝，到头来擦屁股的事还是要女职员来做。由此看来，在待遇不高的问题上，至少男人们可以靠公款消费的形式自我补偿。想必在新人女职员不知情的地方，吃喝以外的花销在经费上也都是有着落的吧。

男人们在公司里建立了派系，一边在暗地里交头接耳“谁谁是某某派的”，一边又明目张胆地对看似是老大的人阿谀奉承。

“‘部长，嘿、嘿、嘿’，每当听到这种声音，我都感觉浑身不舒服。”

只有一个男职员，与这些职场政治毫无瓜葛，工作起来利利索索。母亲对此人似乎十分仰慕，但据说那人后来改行离开了公司。

60年前，三菱集团旗下的各企业间存在极其严格的等级限制。其中，地位最高的是三菱银行和掌管地产的三菱地所，下面的排位依次是三菱重工、三菱电机和三菱商事。因此，虽然同属三菱集团，彼此之间非但没有情同手足，反而因竞争意识成了对手。据说，男人们会凑在走廊和楼梯间里窃窃私语，那十有八九是说其他三菱企业的坏话。从一旁经过时听到“××（企业名）那帮浑蛋”这种充满恶意的言辞，母亲又免不了要“浑身不舒服”了。

前来讨钱的力道山①

调查部里时常有来历不明的人物出入。每次那帮人找上门来，部长都用现金款待。

“日后回想起来，那帮人大概是总会屋②吧。但在当时只是觉得，真是来了一堆奇怪的人啊。看他们收钱，也没什么特别的感想，只是纳闷，社会上还有这么理所当然的事啊。”

尽管看得稀里糊涂，他们当中却又一人给母亲留下了深刻的印象。那人便是职业摔跤手力道山。

力道山隔三岔五来调查部收钱，作为回报，他会留下一堆自己在后乐园打擂的门票。那些票就这样落到了全体员工手上。由于当年力道山名气正旺，门票肯定是可以倒卖换钱的。

---

① 注：力道山，著名的韩裔日籍摔跤手。

② 注：总会屋，持有公司股份的黑社会，以扰乱股东大会相要挟诈取钱财。

可想而知，一些人借此机会赚到了灰色收入。但母亲并没有那个经济头脑，她是真的和同事一起去后乐园看了比赛。

当年听母亲讲到这里，我顿时来了精神。得知有人亲临现场观看过那个力道山的比赛，心里没点激动的反应才是奇了怪了。什么时候比的？怎么比的？和谁比的？我迫不及待地疯狂发问，母亲却说："就是两个壮汉，啪唧啪唧地扭打在一起，还能有什么？一点意思也没有。我心说看一次还不够？就没再去过。"说得就是这么煞风景。

据说在那个年代，就已经出现了女人因家庭原因没有走入婚姻，始终在外工作的现象。母亲并没有选择那条路，而是在就职4年后，于昭和三十六年（1961年）退职完婚。结婚就意味着要辞去工作，这在当时是理所当然的，并不存在婚后继续供职的选项。

母亲和父亲是相亲认识的。

我问母亲为什么选父亲，母亲是这样说的："因为在公司里只能见到没出息的男人，像磕头虫一样点头哈腰，拍上司的马屁。第一次见到你父亲时我就想，这个人搞不好在任何人面前都能挺直腰杆，然后就突然想结婚了。"

说到我这个在任何人面前都能挺直腰杆的父亲，别说点头哈腰了，只要他认定一个人蠢，不管对方是谁，都能耿直地告诉人家"你这是蠢"。就因为父亲的这种性格，母亲在婚后没少替他操心……不过这就是另一回事了。

"总而言之，我觉得那是个不正常的地方。"这便是在回首了过往的就职经历后，母亲对丸之内大企业的最终感想。

以上内容来自于2006年时我和母亲之间的一次对谈。当时我采访了尔必达（Elpida Memory）的社长坂本信雄，准备出版《尔必达的复苏》一书（日经BP社）。利用和母亲的对谈材料，我在该书中附录了一篇题为“匿名丸之内OL秘闻录”的文章，内容与本篇大致相同。此次是考虑到60年的“时限”已过，在公开了以三菱电机为首的若干实名的基础上，修改了原有文章中一些后知后觉的错误，并参照当年的笔记增补了部分内容。

然而故事并没有就此结束……母亲在公司里闲读而遭责骂的那套《现代世界文学全集》，其第41卷，诺曼·梅勒的《鹿苑》中夹着一张当年的工资明细单。母亲在公司里读的很可能就是这本小说了。

装钱的纸袋上印着职员编号“827”，发放日期是不知哪年的5月。问题在于支付额——12210日元，扣除总计1780日元的税金，以及前后两个月的结转零头，实际到手10600日元。

令人在意的是，明细的地方税一栏标注着“4月、5月免予征收”，并且盖有公章。结合夹在书里的情况来看，这该不会是刚入职那年5月的工资单吧？这样一来，“只拿了7800块那一丢丢”的母亲的证词，就站不住脚了。

实际上，工资袋背面有一条母亲亲笔写的备忘——“还予yamada ¥2000、合计¥3000”。母亲哪……莫不是因为你借了钱，又还了钱，才留下了一个“实收7800”的回忆吧！

那样的话，我也觉得“抠门电机”这个叫法，是有点言过其实了。

但不管怎样，如今再去向她本人求证，得到的答案也只可能是“忘记了”吧。

写在最后

松浦晋也

对子女来说，与父母之间的关系是非常个人化的。在抚育下成长的种种记忆，无一例外地将为一个人的情感世界染上色彩。那些关于爱的、舒心的、阴郁的、充满反抗精神的——只要是与父母有关的记忆，通常都与我们自身的情感记忆，也就是“在当时自己所体会到心情”捆绑在一起。

或许正因为深深陷在情感的记忆中吧，当父母年迈体衰，认为赡养义务“理应由自己承担”的子女绝不在少数。

但是在担起照顾母亲的责任后，我有了切实的感悟。

赡养老人应该是一项事业。

如果不能抛开感情因素，把赡养老人当作一项高度社会化的事业看待，我们自认为可行的对老人的赡养，其实根本无望实现。

地域总括支援中心、照护经理人、众多的陪护员们、日间托管和短期停留等服务机构、照护用品的租赁业者、特别敬老院和老年人之家等养老设施，以及支撑起整个行业运行的公共照护制度，如果不是因为所有这些的存在，赡养老人不过是一句空话。“只要子女尽力、家人尽力”，那不过是一种幻想。

“过去不是家家自己照顾嘛”，会这样想的人，只是不曾着眼于环境的变化。较之从前，国民的平均寿命已被大幅延长，高龄人口的比例不断增长，家庭核心化的趋势日渐明显，甚至是像我一样，以单身步向老年的人也多了起来。由于家庭的概念本身在诸多方面已发生变化，过去那种“由家人照顾到最后一刻”的模式已不再适合所有人。

随着少子高龄化时代的到来，老年人口不断增加，青年人口不断下降。在这样的社会环境下，对于一个支撑起老人走过生命最后一段路的事业来说，什么才是亟待解决的呢？

答案很简单，那就是“照护的高效化”。为了达到以更少的资源照护更多的老人的目的，唯一的出路便是将照护看作一种社会性事业，使其高效化。

或许有人会说，“高效化”这个字眼缺少了照护事业应有的人情味。但实际上我们并非刻意追求，而是别无选择。予以老人充分的照料需要动用多种多样的社会资源，然而负责产出的年青一代却在逐渐减少，既然如此，唯有提高利用效率，用有限的资源予以更多老人妥善的照料，这样才有可能让每一位老人过上幸福的晚年生活。

最简易也是最有效的高效化手段，便是集约化。即把需要照料的老人集中起来，托付给照护领域的专业人士。较之家人自行摸索出来的照护方式，专业人士的工作更具技巧也更能落在实处，可以靠少数人实现高质量的照护。集约化的照护将带来统一的需求，从而使各类设备和照护支援器具的利用率都得以提高。以要照护老人专用的洗浴设备为例，相比普通家庭购入后每周只使用一两次，在照护机构里天天运转的情况显然是更高效的。

即使是在家中养老，如果能在技术上实现突破，令老人在不劳烦家人的情况下自己照顾好自己的生活，这同样是高效化的表现。

从支撑和促进经济发展的角度来讲，照护的集约化和高效化也是必需的。经济增长在很大程度上受到劳动人口多寡的影响。今后的劳动力将大幅被人工智能和机器人取代，这首先是毋庸置疑的，但是在现阶段不论科技如何进步，人工智能和机器人都不足以完全替代人类。非人类而不可完成的工作将会一直存续下去。

在少子高龄化社会中，劳动人口不论男女都是宝贵的资源。如果因为“赡养老人是家人的义务”而将宝贵的劳动人口束缚在家中，仅此而已日本的经济便将衰退，各个家庭又将间接受其影响走向贫困，使老年人的生活失去保障。国家制度无可依靠，家家户户穷困潦倒，若是走到了那一步，接下来会发生的——虽然不愿去想象，恐怕会像故事《姥舍山》那样将老人遗弃吧。

“那种只重效率不顾冷暖的照护制度，我可不想深受其害！”因为一定会有人这样想，所以，我们的课题是“效率与温情的双管齐下”。

既然是为了让照护充满温情，那么首先，我们有必要予以“温情”一个明确的定义。依我个人之见，老年人所需要的温情，大概是希望作为一个独一无二的人受到尊重吧。并非被当成众多老人中的一个，而是作为一个有名有姓、曾走过与众不同人生的人受到尊敬。

在如今的照护现场里，持续的温情式照护有赖于责任人的努力和专业技能。例如，如何讲话才能避免伤害到高龄被照护者的自尊，如何主动请求老人配合自己的工作，照护人员与老人相处时所能运用的技巧，相比过去已经有了长足的进步。

在此基础上，今后更多的需求将指向“如何利用科技维护老人尊严”。例如，通过开发出新型的辅助器具，让老人可以尽可能地独自实现行走和排便等日常行为，同时将失败时的后果降至最低，令老人的状态迅速得到恢复。

在与人交流的方面，新技术的革新同样必不可少。比较理想的情况是，目前正在进行的交流·机械工学研究，能够与高速数据通信技术相结合，令老人与家人、友人、邻人之间的交流能够维持在与退休前同等的水平。

即使无法带来如此显著的变化，“在口渴的时候能够喝到心仪的茶饮”，这种程度的改善也足以令要照护的老人感到欣喜。或者，以上列举的问题同样可以借助技术革新，通过开发出老人也可以安全、正确使用的自动沏茶机得以解决。

高龄人口增长的问题，换一个角度来看，便是相关市场的扩大，以及相关产业内从业人口的增加。致力于同一项事业的人多了起来，新技术的开发和实用化也将随之加快脚步。作为一个政策性课题，新技术的开发和推广工作是有理由获得政府部门的鼎力支持的。

在技术层面以外，同样有着许多可以精进的地方。譬如目前市场上的护理床具，外观设计与医院里的病床同款，放在家里很不协调。就因为这种设计上的原因，一些老人会觉得自己是睡在病床上了，自尊心因此受到伤害。即使放在家里也不会令人感觉不适的设计，将来一定是必要的。

目前最令我担忧的，便是在政治和行政层面上，“赡养老人应该是一项事业”的问题不仅没有得到充分的认识，甚至显现出了朝相反的方向推进的苗头。

保守派议员当中，认为古老的家庭模式更能维系亲情，有意令其复辟的人为数不少。在他们看来，逆时代而行的做法是理所当然的，这其中就包括了家人理应充当赡养老人的主体。

然而，社会变迁的大趋势是不可逆的。当社会整体的家庭结构已发生较大变化，再想要退回到“理想中的过去”已然是不现实的。倒行逆施的行为只会扭曲历史的发展，令事态严峻化。

所谓对行政层面的担忧，主要体现在受到财政困难的影响，新政策似乎有意将照护事业的主体从社会向不会消耗预算的家庭转移。一如本书中提到的，特别敬老院的入住资格已被从“要支援2”提升到了“要照护3”。今后，照护保险制度的利用门槛同样有可能被不断架高。

但是，请等一等。如果赡养老人的主体变成了家人，那么担负起照护重任的家庭成员在参与社会经济活动时便会遇到困难。而参与经济活动的劳动人口的减少意味着经济衰退和税收的减少，这不但不能解决财政上的困难，反而会使问题变得更加严峻。

社会是一个各个组成部分之间相互关联、相互影响的有机整体。如果因为相关的财政收入青黄不接，就要勒紧照护保险裤腰带，恐怕整个社会的经济活动都将蒙受损失。

为了构建起一个更加美好的少子高龄化社会，我们必须意识到赡养老人并非只是我们个人和家庭的责任，而是“社会全体的责任”，并为实现这一目标付出努力。为此，日本的经济必须是良性循环的，而对于老旧家庭模式的恋恋不舍，以及针对赡养事业的财政调控，在未来都是不被需要的。

与此同时，我们有必要设想到自己终有一天也会成为需要照护的老人，在此基础上规划好今后的人生。为了预防而调整自己的生活习惯，以及考虑到将来接受照料时的情况，为了不给他人造成困扰，从现在起就要有意识地提升自己的处事能力。

一个人在老后是否需要照料，这是概率问题，就算平时过得小心谨慎，时候到了还是免不了要受人照顾。我们不能因为一个人需要照顾，就指责“那个人以往的生活习惯不好”，或是“家人的照顾不周”。既然任何人在任何时候都有可能进入“要照护”状态，这就更需要我们相互扶持，靠社会的通力协作来支撑起要照护老人的晚年生活。“年轻人的付出无报都是老人的过错”——绝对不可以听信这种分裂社会的谗言。

毕竟，这并非事不关己。既然没人能做到不老不死，照护问题便是终有一天所有人都将面对的我们自己的问题。

母さん、ごめん。

版权登记号：01-2018-9115

图书在版编目 (CIP) 数据

妈妈，对不起 /（日）松浦晋也著；丁楠译．
—北京：现代出版社，2020.3
ISBN 978-7-5143-8305-8

Ⅰ．①妈… Ⅱ．①松… ②丁… Ⅲ．①人生哲学－通俗读物 Ⅳ．①B821-49

中国版本图书馆 CIP 数据核字（2019）第 270653 号

妈妈，对不起

著　　者　[日] 松浦晋也
译　　者　丁　楠
责任编辑　赵海燕　王　羽
出版发行　现代出版社
通信地址　北京市安定门外安华里 504 号
邮政编码　100011
电　　话　010-64267325　64245264（传真）
网　　址　www.1980xd.com
电子邮箱　xiandai@vip.sina.com
印　　刷　北京瑞禾彩色印刷有限公司
开　　本　890mm × 1240mm　1/32
印　　张　7.25
字　　数　132 千字
版　　次　2020 年 3 月第 1 版　2020 年 3 月第 1 次印刷
书　　号　ISBN 978-7-5143-8305-8
定　　价　39.80 元